The World of 5G

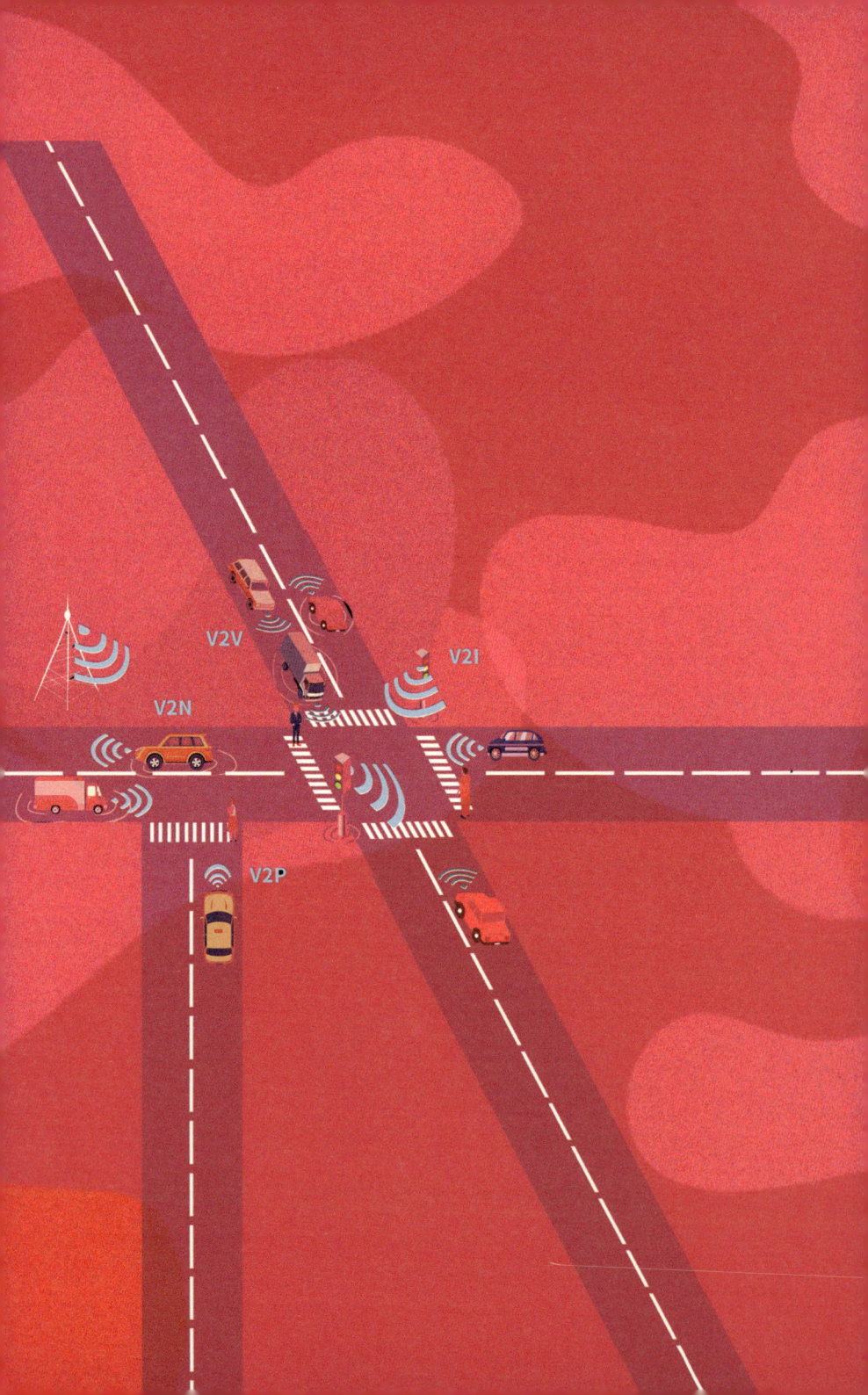

The World of 5G
Intelligent Transportation

总顾问 / 邬贺铨　总主编 / 薛泉

5G
的 世 界

智 慧 交 通

徐志强　主编

SPM 南方出版传媒
广东科技出版社 | 全国优秀出版社
·广州·

图书在版编目（CIP）数据

智慧交通 / 徐志强主编. —广州：广东科技出版社，2020.8
（5G的世界 / 薛泉总主编）
ISBN 978-7-5359-7522-5

Ⅰ.①智… Ⅱ.①徐… Ⅲ.①无线通信—移动通信—通信技术—应用—城市交通运输—交通运输管理—自动化系统 Ⅳ.①U491-39

中国版本图书馆CIP数据核字（2020）第122898号

The World of 5G
Intelligent Transportation

出 版 人：朱文清
项目策划：严奉强　刘　耕
项目统筹：刘锦业　湛正文
责任编辑：刘锦业
封面设计：彭　力
责任校对：李云柯
责任印制：林记松
出版发行：广东科技出版社
　　　　　（广州市环市东路水荫路11号　邮政编码：510075）
销售热线：020-37592148 / 37607413
http://www.gdstp.com.cn
E-mail：gdkjzbb@gdstp.com.cn（编务室）
经　　销：广东新华发行集团股份有限公司
排　　版：创溢文化
印　　刷：广州市岭美文化科技有限公司
　　　　　（广州市荔湾区花地大道南海南工商贸易区A幢　邮政编码：510385）
规　　格：889mm×1 194mm　1/32　印张5　字数100千
版　　次：2020年8月第1版
　　　　　2020年8月第1次印刷
定　　价：29.80元

如发现因印装质量问题影响阅读，请与广东科技出版社印制室
联系调换（电话：020-37607272）。

"5G的世界"丛书编委会

总 顾 问：邬贺铨
总 主 编：薛　泉
副总主编：车文荃
执行主编：周　善
委　　员（按姓氏笔画顺序排列）：
　　　　　王鹏亮　朱文清　刘　欢　严奉强
　　　　　吴　伟　宋国立　陈　曦　林海滨
　　　　　徐志强　郭继舜　黄文华　黄　辰

《5G的世界　智慧交通》

主　　编：徐志强
副 主 编：陈　曦　王鹏亮
编　　委：蓝志坚　龚传浩　苏　健　何俊新
　　　　　周浩楠　王卫强　傅　鹏　陈义钦

序一

5G赋能社会飞速发展

5G是近年来全球媒体出现频次最高的词汇之一。5G之所以如此引人注目，是因为无论从通信技术本身还是从由此可能引发的行业变革来看，它都承载了人们极大的期望。回顾人类社会的发展历程，技术变革无疑是最大的推手之一。前两次工业革命，分别以蒸汽机和电力的发明为主要标志，其特征分别是机械化和电气化。当历史的车轮驶入21世纪，具有智能化特征的新一轮产业革命呼之欲出，它对人类文明和经济发展的影响将不亚于前两次工业革命。那么，它的推手又是什么呢？相比前两次工业革命，推动新一轮产业革命的不再是单一的技术，而是多种技术的融合。其中，移动通信、互联网、人工智能和生物技术，是具有决定性影响的元素。

作为当代移动通信技术制高点的5G，它是赋能上述其他几项关键技术的重要引擎。同时我们也可以看到，5G出现在互联网发展最需要新动能的时候。在经历了几乎是线性的快速增长之后，中国互联网用户数增长速度在下降，移动电话用户普及率接近天花板。社会生活的快节奏激活了网民对短、平、快新业态的追求，提速降费减轻了宽带上网的资费压力，短视频、小程序风生水起……但这些还是很难担当起互联网新业态的大任。互联网的下一步发展需要新动能、新模式来破解这个难题。被看作互联网下半

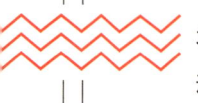

场的工业互联网刚刚起步,其新动能还难以弥补消费互联网动能的不足。目前正是互联网发展新旧动能的接续期,在消费互联网需要深化、工业互联网正在起步的时候,5G的出现正当其时。

5G是最新一代蜂窝移动通信技术,特点是高速率、低时延、广连接、高可靠。和4G相比,5G峰值速率提高了30倍,用户体验速率提高了10倍,频谱效率提升了3倍,移动性能支持时速500km的高铁,无线接口时延减少了90%,连接密度提高了10倍,能效和流量密度均提高了100倍,能支持移动互联网和产业互联网的诸多应用。相比前四代移动通信技术,5G最重要的变化是从面向个人扩展到面向产业,为新一轮产业革命需要的万物互联提供不可或缺的高速、巨量和低时延连接。因此,5G不仅仅是单纯的通信技术,更是一种重要的"基础设施"。

在全社会都在谈论5G、期待5G的大背景下,广东科技出版社牵头组织了这套丛书的编撰发行,面向社会普及5G知识,以提高国民科学素养,适逢其时,也颇有文化传承担当。与市面上已经出版的众多关于5G的书籍相比,这套丛书具有突出的特色。首先,总主编薛泉教授是毫米波与太赫兹领域的专家,近年来一直聚焦5G前沿核心技术的研究,由他主导本丛书的编撰并由其团队负责《5G的世界 万物互联》这一分册的撰写,可以很好地把握5G技术的科普呈现方式。另外,丛书聚焦5G在垂直行业的融合应用,正好契合社会对5G的关切热点。编撰团队包括华南理工大学广东省毫米波与太赫兹重点实验室、广州汽车集团股份有限公司汽车工程研究院、南方医科大学、广州瀚信通信科技股份有限公司、创维集团有限公司等的行业专家，由他们分别主编相应的分册。这套丛书不仅切中行业当前的痛点，而且对5G赋能行业的未来也有恰如其分的畅想，对于期待新技术赋能实现新一轮产业变革的社会大众，将是不可多得的科普书籍。本套丛书首期发行5个分册。

难能可贵的是，本丛书在聚焦5G与其他技术融合为垂直行业带来巨变的同时，也探讨了技术进步可能为人类带来的负面作用。在科学技术的进步过程中，对人性、伦理、道德、法律等的坚守必不可少。在加速推进科技发展的同时，人类的人性主导和思考能力不能缺席，"安全阀"和"刹车"的设置不可或缺。我们需要认清科技的"双刃剑"作用，以便更好地扬长避短，化被动为主动。

5G已经呼啸而来，其对人类社会发展的影响将不可估量。让我们一起努力，一起期待。

（中国工程院院士）

2020年5月

5G是垂直行业升级发展的引擎

众所周知,我们正在逐步迈向一个数字化的时代,很多行业和技术都将围绕数据链条来展开。在这个链条当中,移动通信技术发挥的主要作用就是数据传输。如果没有高速率通信技术的支撑,需要高清视频、多设备接入和多人实时的双向互动等性能的应用就很难实现。5G作为最新一代蜂窝移动通信技术,具备高速率、低时延、广连接、高可靠的特点。

2020年是5G商用元年,预计到2035年左右5G的使用将达到高峰。5G将主要应用于以下7大领域:智能制造、智慧城市、智能电网、智能办公、智慧安保、远程医疗与保健、商业零售。在这7大领域中,预计有接近50%的5G组件将被应用到智能制造,有接近18.7%将被应用到智慧城市建设。

5G的重要性,不仅体现在对智能制造等行业升级换代的极大推动,还体现在和人工智能的下一步发展也有直接的关联。人工智能的发展,需要大量的用户案例和数据,5G物联网能够提供学习的数据量是4G根本无法比拟的。因此,5G物联网的发达,对人工智能的发展具有十分重要的推动作用。依托5G可推进诸多垂直行业的升级换代,也正因为如此,5G的领先发展,成为推动国家科技和经济发展的重要引擎,也成为中美在科技领域争夺的焦点。

在这样一个大背景下,广东科技出版社牵头组织"5G

的世界"系列图书的编写发行,聚焦5G在诸多行业的融合应用及赋能,包括制造、医疗、交通、家居、金融、教育行业等。一方面,这是一项很有魄力和文化担当的举措,可以向民众普及5G的知识,提升国民科学素养;另一方面,对于希望了解5G技术与行业融合发展趋势的业界人士,本丛书也极具参考价值。

这套丛书由华南理工大学广东省毫米波与太赫兹重点实验室主任薛泉教授担任总主编。薛泉教授作为毫米波与太赫兹技术领域的专家,既能把控丛书的科普特色,又能够确保将技术特色准确而自然地融汇到各分册之中。这套丛书计划分步出版发行,首发5个分册,包括《5G的世界 万物互联》《5G的世界 智能制造》《5G的世界 智慧医疗》《5G的世界 智慧交通》和《5G的世界 智能家居》。这套丛书的编撰团队颇具实力,除《5G的世界 万物互联》由华南理工大学广东省毫米波与太赫兹重点实验室技术团队撰写之外,其余4个分册由相关行业专家主笔。其中,《5G的世界 智能制造》由广州汽车集团股份有限公司汽车工程研究院的专家撰写,《5G的世界 智慧医疗》由南方医科大学的专家撰写,《5G的世界 智慧交通》由广州瀚信通信科技股份有限公司撰写,《5G的世界 智能家居》由创维集团有限公司撰写。这种跨行业组合而成的撰写团队,具有很强的互补性和专业系统性。一方面,技术专家可以全面把握移动通信技术演变及5G关键技术的内容;另一方面,行业专家又能够准确把脉行业痛点、分析各行业与5G融合的利好与挑战,围绕中

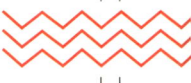

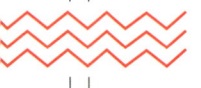

心切中肯綮，并提供真实生动的案例，为业界同行提供很好的参考。

这套丛书的新颖之处，除了生动描述5G技术与行业融合可能带来的巨大变化之外，对于科技的高歌猛进可能给人类带来的负面影响也进行了探讨。在高科技飞速发展的今天，人性、伦理、思想不应该缺席，需要对技术进行符合科学和伦理的利用，同时设置必不可少的"缓冲垫"和"安全阀"。

（中国科学院院士）

2020年7月

目录

第一章 智慧交通知多少 001

一、智慧交通的前世今生 002

（一）交通的发展历程 002

（二）认识智慧交通 013

（三）国内外智慧交通的发展 016

二、智慧交通，"策"马前行 022

（一）《交通强国建设纲要》摘要 022

（二）《推进综合交通运输大数据发展行动纲要（2020—2025年）》摘要 023

（三）《"十三五"现代综合交通运输体系发展规划》摘要 024

（四）《数字交通发展规划纲要》摘要 025

第二章 智慧交通遇上5G，如虎添翼 029

一、智慧城市，交通先行 030

二、智慧交通，5G来相助 034

（一）5G新特性破传输困局 034

（二）5G＋智慧交通的关键技术 039

（三）5G与智慧交通契合点 054

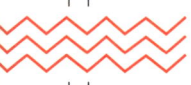

三、智慧交通，重在落地　057

（一）智慧交通规划　057

（二）智慧交通框架　058

第三章　5G+智慧出行，让生活更美好　063

一、服务信息化，出行更便捷　065

（一）出行信息查询和规划　065

（二）车辆导航和行车诱导　069

（三）ETC与无感支付　073

二、驾驶智能化，出行更安全　078

（一）智能驾驶的分级　078

（二）现阶段的智能驾驶　079

（三）5G时代下的智能驾驶　081

（四）5G时代下的智慧出行　083

三、交通新业态，出行更舒适　087

（一）共享汽车　087

（二）车载信息娱乐服务　091

第四章　5G+交通管控，让管理更智能　097

一、信息一张图，管理更高效　098

（一）道路监控　099

（二）交通控制　103

二、城市交通网，调配更智慧　109
　　（一）智慧公交　109
　　（二）智慧轨交　111
　　（三）智慧站场　112

三、长途客货运，连接更顺畅　117
　　（一）智慧港口　117
　　（二）智慧机场　119
　　（三）智慧车站　121
　　（四）"两客一危"营运车辆监管　123
　　（五）智慧物流　124

四、安全无小事，应急与预防　127
　　（一）交通事故管理　127
　　（二）安全应急　129
　　（三）交通仿真　131

参考文献　135

后记　143

第一章 智慧交通知多少

俗话说得好,"路通则财通",一座城市想要发展,必须交通先行。发达的交通体系是城市高速运转的动脉,也是城市经济发展的强劲引擎。古今中外,交通在政治、经济、军事、文化交流等领域都发挥着无可比拟的作用。近些年来,我国城镇化发展进程一日千里,城镇化发展也带来了交通拥堵、交通秩序混乱、交通事故频发、交通环境污染等众多问题,交通问题已成为城市顽疾之一。随着云计算、大数据、人工智能(AI)、物联网、第五代移动通信等新技术应用于交通,交通体系也由智能化走向智慧化。智慧交通在保障交通安全、发挥交通基础设施效能、提升交通系统运行效率和管理水平等方面有着无与伦比的优势。大力发展智慧交通,是大势所趋,我国为发展智慧交通推出了一系列鼓励方针和政策。本章将介绍交通发展的历程,揭开智慧交通的神秘面纱,并对我国近年来的一些关于发展智慧交通的政策进行介绍和解读。

一、智慧交通的前世今生

(一)交通的发展历程

交通是指为了生产和生活需要,实现人与物空间位移的一种经济社会活动,是商品交换的先决条件。交通运输大致可以分为陆运、水运、空运。完善的交通系统包括交通运输基础设施和交通运输工具两大部分。随着人类文明不断发展,科学技术不断更新迭代,每个时代的交通系统升级都会给整个社会带来翻天覆地的变化。

1. 古代交通

早在远古时代，由于生产力水平低下，人们为了生存，往往沿着河流居住，以渔猎为生。在和大自然搏斗的过程中，先民观察大自然，发现树叶可漂浮在水面上，从而受到启发，发明了船。由此开启了水上交通。刘向整理的《世本》说到"古者观落叶因以为舟"。《淮南子·说山训》中也有类似的说法："古人见窾木浮而知为舟"。《淮南子·物原》中记载"燧人氏以匏济水，伏羲氏始乘桴"，是指在上古时代，燧人氏抱着葫芦，以此为浮具过河，后来伏羲氏乘筏渡河。据考证，筏在新石器时代已经出现，古代人民利用当地的资源就地取材，从而出现了各种形式的筏，如在桂林漓江上的竹筏，九曲黄河上的羊皮筏，如图1-1所示。到了商朝，中国已掌握造船技术，并学会使用风帆。两宋时期，造船业成就斐然，广州、泉州、明州的造船业在当时

（a）漓江（阳朔）上的竹筏

（b）黄河（兰州段）上的羊皮筏

图1-1 筏

居于世界领先地位,南宋沿海地区制造的海船,载重一般有数百石至五千石(一石约合55 kg),最大载重量可达万石,海船设置了水密隔舱,增加了船只的抗沉性和横向强度,而且还配备了指南针。到了明朝,我国古代造船业走上了一个巅峰。郑和七次下西洋,据说最大的宝船搭载超过1 000人,是当时世界上最大、最先进的海船。

在古代,以舟、船为水上交通工具并在河道布设渡口作为交通基础设施,形成了最初始的水上交通系统。为了扩大航运范围,人们还开凿了人工运河。运河的开通,对当时的军事、经济、政治都有举足轻重的意义。

我国最早的运河是修建于公元前486年的古邗沟运河。春秋战国时期,吴王夫差攻克了楚国、越国之后,北伐齐国,欲争霸中原。所谓"兵马未动,粮草先行",考虑通过陆路运输粮草辎重非常困难,吴国就利用淮河湖泊密布的特点,将湖泊局部开挖,连通了长江和淮河。古邗沟运河的开凿意义重大,除在军事上发挥重要作用之外,还在南北政治、经济、文化交流中发挥了巨大的作用,从而诞生了淮安、扬州两座繁华的历史文化名城。

陆路运输,最原始的交通工具是人的双脚,后来人类将动物驯化为交通工具。随着生产力水平的提高,我们的祖先学会了造车。相传约在5 000年前,轩辕黄帝就会造车,据考证,黄帝造的车比较简陋,结构粗糙,而且主要是靠人力推拉的,在搬运货物时仍然非常费力。公元前2250年,奚仲造车,其所造之车是用马拉的木制车。《管子》中对奚仲造的车给予了高度评价:"奚仲之为车也,方圆曲直,皆中规矩钩绳,故机旋相得,用之牢

第一章 智慧交通知多少

利,成器坚固",如图1-2所示。可见奚仲造的车是具有一定技术水平的、有重大创新的马车。到了商代,战车的使用十分普遍,当时已经能造出相当精美的双轮战车。到了春秋战国时期,车战盛行,战车数量的多少成为衡量一个国家强弱的标志,说一个国家的军事力量如何,往往是说它拥有多少乘战车,比如千乘之国、万乘之国。

图1-2 奚仲造车

为了加快车的行驶速度和提高其负荷量,便有了修筑道路的需求。公元前221年秦始皇统一六国,颁布了"车同轨"的法令,规定车轨统一宽六尺(一尺约合0.33 m),两轮之间的距离为轨,车轨相同则车辙等宽,是首次将道路标准化,大大提升了军队和商队的运输效率,如图1-3、图1-4所示。秦始皇二十七年

(公元前220年),秦始皇下令大筑驰道,首次形成了一张以驰道为主,以咸阳为中心,向四方辐射的全国性的陆路交通网络。

图1-3 秦陵一号铜车马

图1-4 河北省石家庄西部井陉县境内的秦皇古驿道

到了元明时期，尤其是元朝，统治地域辽阔，建成了以北京为中心的四通八达的全国陆路驿道交通网络，建立了稠密的驿站，由驿道和驿站构成了古代的驿传系统。《元史·地理志》记载："元有天下，薄海内外，人迹所及，皆置驿传，使驿往来，如行国中"，意思是元朝在凡有人居住之地都设置了驿站，往来世界，就像在自己国内一样，可见当时建立的驿道规模非常庞大。直至欧洲工业革命后西方国家强势崛起，通过鸦片战争打开我国的国门，引入了汽车，驿道时代才逐渐画上句号。

2. 近代交通

1776年，英国著名发明家詹姆斯·瓦特吸收前人的成果对蒸汽机进行改良，如图1-5所示，推动了第一次工业革命进入一个崭新的发展阶段。在交通运输行业，交通工具迎来历史性变革，蒸汽机促进了机动船和机车的出现，终结了以人力、畜力、风力等为主要动力的历史。

1804年，特里维西克在蒸汽机的基础上将低压蒸汽动力改进成高压蒸汽动力，制造出世界上最早的火车。由于轨道是由生铁铸造的，长期使用将发生轨道压裂的事故。真正让火车成功运行的是英国发明家乔治·史蒂文森。1814年，史蒂文森制造了他的第一个火车头，取名"布卢彻号"，但他造的火车也常将路轨压裂。为了解决这个问题，史蒂文森到朋友开设的铁工厂试验锻铁轨道，最终取得了成功，申请了铁轨的专利。1825年，英国建成了世界上第一条铁路——斯托克顿—达灵顿铁路。

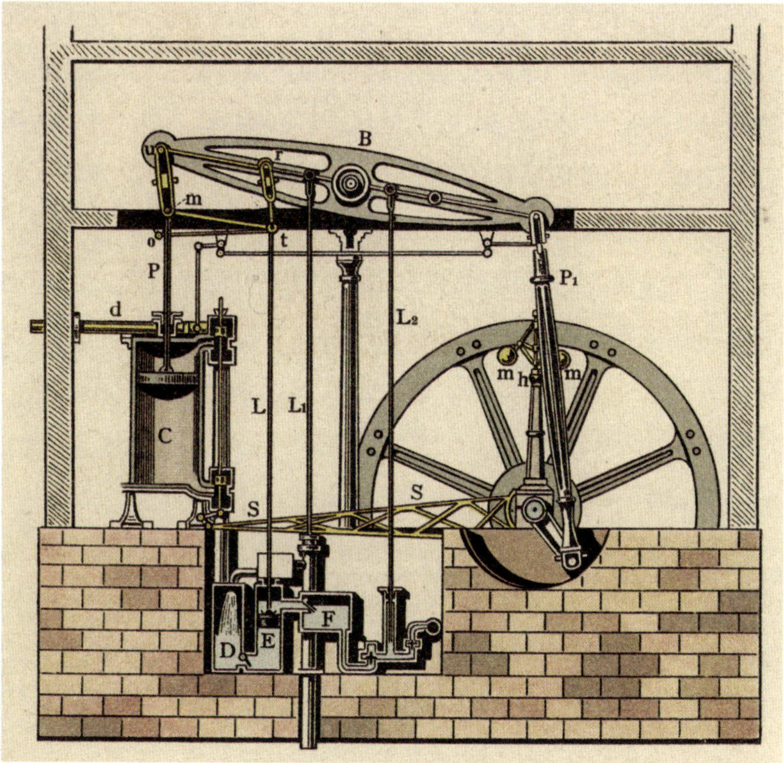

图1-5 瓦特改良的蒸汽机模型

蒸汽机不仅给陆地交通工具带来变革,同时也给水上交通工具变革带来深远的影响。美国发明家富尔顿于1803年建成了一艘以蒸汽机为动力的轮船,在法国塞纳河试航成功,但当晚遭狂风暴雨摧毁。后来他得到瓦特的支持,于1805年3月获得新的更大的船用蒸汽机主体。两年后在美国研制出用明轮推进的蒸汽机船——"克莱蒙特"号,在纽约州的哈得逊河进行了第一次航行。随着轮船技术的不断成熟,1818年,美国"黑球"轮船公司首次开辟了纽约—利物浦定期航线。

到了19世纪中叶,第二次工业革命来临,电力逐渐成为新的动力能源,人类从"蒸汽时代"进入"电气时代"。第二次工业革命除了电力的广泛应用,另一项具有代表性的技术成就是以煤气和汽油为燃料的内燃机的诞生。19世纪80年代,德国人本茨制造出一辆由内燃机驱动的汽车。之后,以内燃机为动力的轮船、飞机也相继问世。电力和内燃机的应用使人类社会发生了翻天覆地的变化,人类交通进入一个新纪元。

3. 现代交通

如今,一日千里早已不是梦想。汽车、火车、轮船、飞机都已走入平常百姓的日常生活,成为人们生活中不可或缺的交通工具。

20世纪初,汽车开始出现在北京、上海等大城市街头,成为权贵、富绅的代步工具。改革开放以来,中国经济快速发展,汽车保有量不断增加。国家统计局发布的《中华人民共和国2019年国民经济和社会发展统计公报》显示,2019年民用汽车保有量达到26 150万辆,较新中国成立时增长了5 137.52倍,按目前14亿人口计算,意味着平均5.36人就拥有一辆汽车。汽车已经逐渐从奢侈品变成生活必需品。

交通工具随着科技的发展也在不断演进,已不只是满足于传统的速度、载重量、舒适度、安全性等要求,还正在往个性化、智能化、无人驾驶等方向发展。高级驾驶辅助系统(advanced driver assistant system,ADAS)就是汽车智能化发展的典型代表之一。高级驾驶辅助系统利用各类传感器,包括摄像头、雷达、红外线、激光和超声波等,为车辆打造一套触觉和视觉系统,用于感知、侦测车内外环境,分析周围环境可能带来的风险,能够在危急的情况下辅助驾驶,从而提高行车的安全性。常见的高级驾驶辅助系统有自适应巡航控制系统(adaptive cruise control,ACC,图1-6)、自动紧急制动系统(autonomous emergency braking,AEB,图1-7)、盲点探测系统、前方碰撞预警系统、车道偏离预警系统、夜视系统、自动泊车、行人检测等。高级驾驶辅助系统是无人驾驶的基础,在不久的将来,汽车将进入无人驾驶时代。

图1-6 自适应巡航控制系统

快速发展的国内经济,也对铁路列车技术提出了不断更新变革的要求,以满足经济发展的需要。我国的铁路列车研发工作让人瞩目。2008年4月11日,首列国产时速350 km的CRH"和谐号"动车组在中国北车集团成功下线,标志着我国由此跻身世界上仅有的几个能制造时速350 km高速铁路移动装备的国家行列。

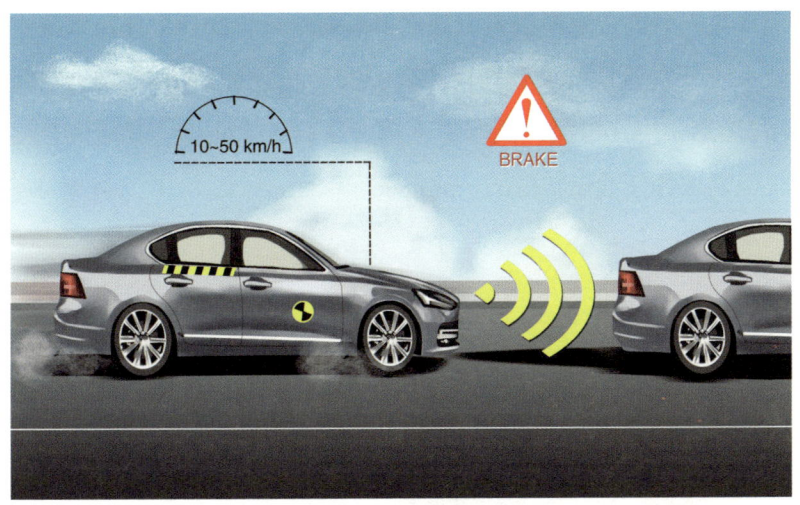

图1-7　自动紧急制动

交通工具的更新迭代能更好地服务于人们的生活,同时相应的基础设施也必须同步完善。交通运输部发布的《2018年交通运输行业发展统计公报》显示,2018年全年完成交通固定资产投资32 235亿元,投资最多的是公路,投资额为21 335亿元,占比66.19%。全国公路营业里程达到4 846 500 km。高速公路里程142 600 km,位居世界第一。

孙中山曾经说过"交通为实业之母,铁道又为交通之母,国家之贫富,可以铁道之多寡定之,地方之苦乐,可以铁道之远近计之",可见铁路建设关乎国计民生。我国对铁路建设十分重视且投资巨大,2018年全年完成铁路固定资产投资8 028亿元,占交通固定资产投资额的24.90%,如图1-8所示。营业里程已达到131 000 km,其中高铁营业里程超过29 000 km。铁路营业总里程仅次于美国,高铁营业里程为世界第一。

在交通固定资产投资方面值得一提的是,2018年公路水路支持系统及其他建设投资费用达到824亿元,与民航固定投资费用857亿元相当。可见我国非常重视交通信息化建设,交通信息化将引领现代交通运输业的快速发展。

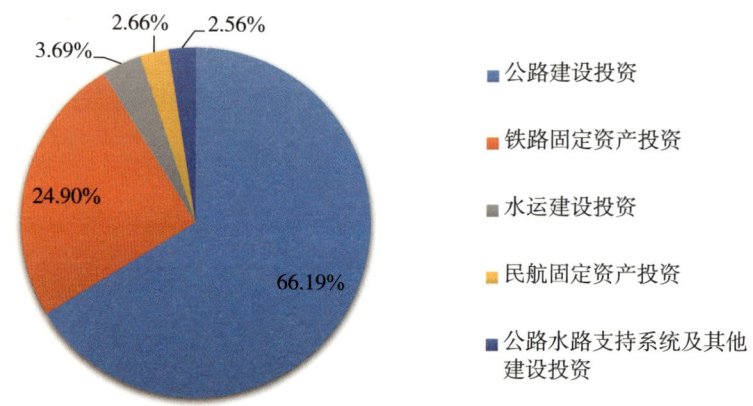

图1-8　2018年交通固定资产投资比例

改革开放40多年来,我国交通运输基础建设取得了举世瞩目的辉煌成就。目前我国基础设施建设技术世界领先,创造了一个又一个神话,诸如青藏铁路、港珠澳大桥、北京大兴国际机场等超高难度工程,硕果累累,以至于被海内外冠以"基建狂魔"的称号。

经过长期投资建设,现在我国已形成一张非常庞大的交通运输网络,如何能有条不紊地运作起来,这是非常值得深思远虑的

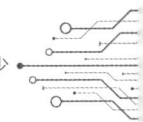

问题。交通运输网络,应紧跟时代潮流,依靠最先进的科学技术,建立更完善的交通管理体系。5G(第五代移动通信技术)的兴起,伴随着云计算、人工智能、大数据等为代表的新一代信息技术的普及,为建设更加高效、更加智能、更加人性化的交通管理体系提供了可能。

(二)认识智慧交通

1. 城镇化发展

中国的城镇化进程在改革开放后进入快速发展阶段,据国家统计局统计,2018年全国常住人口城镇化率为59.58%,而世界发达国家的平均水平都在80%以上,其中日本的城镇化率超过90%,美国超过80%。2019年我国人均GDP首超1万美元,是世界第二大经济体。但是,我们的城镇化水平和西方发达国家对比,还相差甚远,未来我国的城镇化进程还有很大的提升空间。

城镇化的发展带来交通拥堵、交通事故频发等城市病。公安部2020年1月7日发布的数据显示,全国汽车保有量达2.6亿辆,同比增长8.83%。汽车保有量持续增长,交通事故也急剧增加,目前我国交通事故死亡人数居世界第一。根据《中国统计年鉴》的数据,2018年全国发生交通事故244 937起,死亡人数63 194人,造成直接财产损失138 455.9万元。

城市汽车数量不受控制地野蛮激增,势必造成交通拥堵。城市交通拥堵治理问题是很复杂的社会问题。城市交通建设,不仅要考虑交通需求,还要考虑土地和资金投入等问题。单纯通过不断地建设道路来满足日益增长的车辆需求,是根本行不通的,因为城市道路的建设增长率往往低于车辆的增长率。城市道路的建设需要大量的资金投入,而且中心城区道路已建得非常密集,城市土地资源寸土寸金,很多地方根本无法施行拆迁修路的方案。解决交通拥堵不仅仅要考虑车与路的矛盾问题,它还涉及城市规划、公共交通建设、人车如何精确疏导、汽车数量的合理管控等多个方面,是一个系统的工程。在实施治理过程中还要借助当前最新的科技手段,从传统管理手段向智能化、信息化管理转变。

2. 智能交通

针对如何高效治理交通问题,早在20世纪60年代,美国就开始了交通控制系统、交通诱导系统的研究,随后各国都相继开始了各自的交通系统智能化研究,一开始,各国对此叫法不一,直到20世纪90年代才在国际上统一了名称——智能交通系统(intelligent transportation system,ITS)。各国制定了不同层次的ITS发展战略规划,为了解决ITS在全国乃至全球范围内的兼容性问题,1992年国际标准化组织设置了TC204(交通信息与控制系统技术委员会),全面负责ITS领域的标准化工作。2001年4月,在夏威夷的全体会议上,一致通过将TC204更名为"智能交通系统技术委员会"的决定。截至2017年,已有50个国家加入该委员会。

智能交通系统是将先进的信息技术、通信技术、传感技术、卫星导航定位、自动控制技术、计算机处理技术等多种先进技术应用在交通运输管理系统中,使交通基础设施、人、车更有效地协同,以实现减少交通拥堵、提高运输效率、保障交通安全、降低能耗等目的,是一种实时、准确、高效的综合运输管理系统。

3. 智慧交通

2008年，IBM（国际商业机器公司）提出"智慧地球"的概念，智慧城市建设应运而生。智慧城市包括智慧交通、智慧安防、智慧能源、智慧医疗、智慧教育等部分。智慧交通是智慧城市极其重要的部分，是智能交通的升级。

智慧交通迄今并没有一个十分权威的定义，每个人对其有着自己的理解。本书认为智慧交通和智能交通都是电子信息技术、传感技术、通信技术等多种技术在交通领域的应用，但智能交通主要侧重于各类交通应用的信息化，是一种被动式的管理体系；智慧交通则更体现"智慧"的理念，试图让交通设施、交通工具或者交通服务更多地具有类似于人的思维，能主动判断及决策。在智慧交通中融入物联网、云计算、大数据、人工智能等新一代技术，通过深度数据挖掘，建立大量的数据模型，基于实时交通数据提供实时的交通信息服务，强调人、车、路信息的交互性、实时性。

智慧交通的核心在于"智慧"，智慧交通系统像是给交通装上人类的大脑，可以综合各种信息状况进行判断并做出决策。智慧交通概括起来，具有以下几个特点。

（1）以泛在先进的交通信息基础设施为基础实现全面的感知。

（2）利用物联网、人工智能、大数据、移动互联网等新技术高度融合，强调信息的实时性、系统性、高效性、交互性以及服务的广泛性。

（3）智慧交通具备分析、预测、控制等能力，被赋予了人的主动思维能力。

（4）智慧交通秉承以人为本、服务民生、需求引导、开放创新的理念。

（三）国内外智慧交通的发展

国外的交通系统智能化在20世纪60年代已经开始，到90年代时，美国、日本、欧洲等发达国家和地区已取得了多项科研成果。我国的智能交通系统起步较晚，20世纪90年代中期，我国才开始研究智能交通相关技术，经过20多年的发展和积累，也取得了很大的进步。

1. 中国

中国的智能交通系统起步比较晚，20世纪70年代末，北京、上海等大城市开始研究与开发交通信号控制系统。20世纪80年代，我国高速公路开始使用公路收费系统；80年代后期，开始ITS基础性的研究和开发工作；90年代中期，引入国外先进智能交通技术，在其基础上进行创新研究。1999年交通部公路科学研究所正式成立国家智能交通系统工程技术研究中心（national intelligent transport systems center of engineering and technology，ITSC），并建立中心实验室作为我国发展ITS的规划机构。标准是兼容性的保证，是实施ITS项目的基础。1998年，在国家质量技术监督局的指导下，交通部正式成立ISO/TC204中国秘书处，代表中国参加ITS标准化活动。1999年，科技部确定在国家"九五"科技攻关项目中增加ITS内容，就中国智能交通系统的体系框架开展研究工作。2001—2005年开展国家"十五"科技攻关"智能交通系统关键技术研究和示范工程"课题；2011—2014年开展"863"计划主题项目"智能车路协同关键技术研究"。

概括地讲，2000年前，我国智能交通系统处于国家智能交通体系框架和标准研究的层面，示范或开工建设的项目不多，可以视为我国智能交通系统的起步阶段。2000年后，从"十五"计划开始，我国政府在政策、经济上均给予大力支持，智能交通行业获得长足的发展，可以视为智能交通的建设期。2008年，IBM提出"智慧地球"的概念，智慧交通作为智慧城市的重要组成部分，智慧交通的概念也随之首次被提出来，得到我国极大的关注。2012年，我国成立智慧城市创建工作领导小组，由此开启了智慧交通建设的序幕，交通运输体系迈出了由智能化向智慧化发展具有里程碑意义的一步。

2. 美国

美国的交通系统智能化研究始于20世纪60年代末，当时被称为电子线路导航系统（electronic route guidance system，ERGS）。20世纪80年代中期美国在全国开展了智能化车辆-道路系统（intelligent vehicle highway system，IVHS）方面的研究，在研究过程中发现这不仅仅是车辆和道路的问题，还涉及由交通工具和交通基础设施组成的整个智能化交通系统，于是将此项目改名为智能交通系统。1991年，美国智能交通协会（intelligent transportation society of America，ITS America）创立。该协会是一个非营利组织，旨在帮助加速智能交通系统的发展，组织成员包括政府部门、私企、学术团体以及ITS国际成员等，参与的范围十分广泛，大大促进了美国智能交通系统的发展。

1993年，美国正式开始国家ITS体系结构开发计划（national architecture for ITS），于1997年1月公布了第一版国家ITS体系结构，1998年9月又公布了修订后的第二版国家ITS体系结构。

1995年3月，美国运输部正式公布了"国家智能交通系统项目规划"（national ITS program plan），明确规定智能交通系统的7大领域（基本系统）和29个用户服务功能（子系统），如图1-9所示。

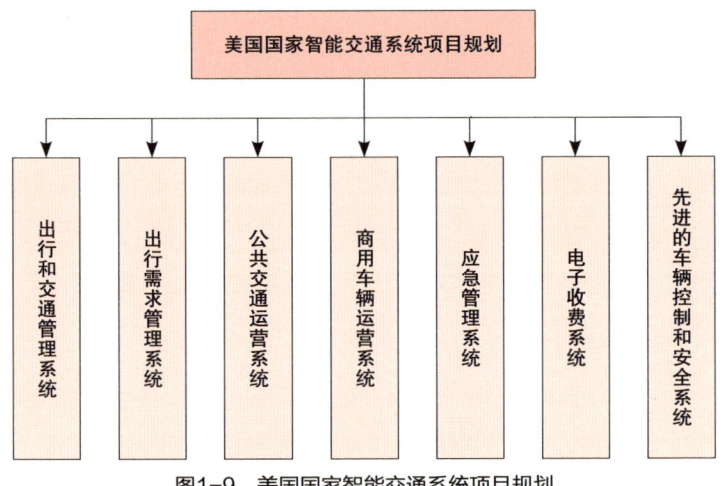

图1-9　美国国家智能交通系统项目规划

2014年，美国运输部与美国智能交通系统联合项目办公室发布了《智能交通系统战略规划2015—2019》。这个规划确定了一个愿景——"改变社会运行的方式"，定义了6个项目类别，描述了两个战略重点："实现汽车的互联技术"和"推动车辆自动化"。战略规划中还制定了5个战略主题：

第一，使车辆和道路更安全。开发更好的防撞保护措施、碰撞预警机制、商用汽车安全机制、基于基础设施和协同式安全系统。

第二，增强交通机动性。探索提高系统效率的管理策略和方法，例如通过改进交通管理、事故管理、运输管理、货源组织管理、道路天气管理等系统，进一步利用车联网、旅客、基础设施，为增强交通机动性提供更多的信息和技术支撑。

第三，降低对环境的影响。通过更好地解决交通流量、车辆行进速度、交通拥堵等问题和使用先进的技术去引导车辆和道路更加合理地运作，以降低交通对环境的影响。探讨如何在每一次出行时提供"绿色"出行方案和建议，如规避免拥堵的路线、使用公共交通或重新安排行程等，让出行更加省油环保，减少出行对环境的影响。

第四，促进技术创新。通过ITS项目，推动技术的发展和创新。持续性地致力于创新性、探索性的研究课题，调整、采取并部署技术开发路线以满足未来交通发展的需求。

第五，支持交通系统信息共享。通过制定统一的标准和系统架构，以及应用先进的无线技术使所有车辆、基础设施、可移动设备能够实时互联通信，实现信息共享。

2017年，美国交通研究中心（transportation research center，TRC）斥资4 500万美元建立智能交通研究测试中心（smart mobility advanced research and test center，SMART Center），用于无人驾驶与车联网技术的研究。建成后，该设施或将成为全球最先进、最专业的无人驾驶与车联网技术研究机构。

3. 日本

日本是全球城市人口密度较高的国家，为应对交通拥堵问题，日本早在20世纪70年代就开始了智能交通的研究，是全球最早开始研究智能交通的国家之一。1973年，以日本通产省为主开发的汽车综合控制系统（comprehensive automobile control system，CACS），是一套车载交互式路线引导显示系统，在显示屏上为驾驶员提供道路交通拥堵的情况及诱导信息。随后成功研制了电子路径诱导系统，这被认为是日本最早的ITS项目。

1994年，日本成立了由通产省、运输省、邮电省、建设省和日本警察厅参与的日本道路交通车辆智能化促进协会（vehicle road and traffic intelligent society，VERTIS），以推动ITS的开发和研究以及支持ITS相关标准化活动。1995年制定了《公路、交通、车辆领域的信息化实施方针》，1996年制定了《日本智能交通综合计划》，1999年制定了《日本智能交通系统结构》，定义了智能交通系统的9个开发领域、21个标准用户服务项目，如图1-10所示。

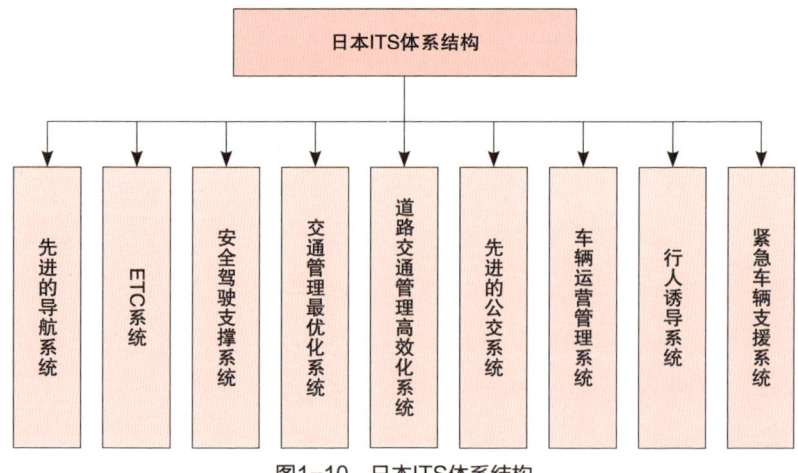

图1-10 日本ITS体系结构

1998年，车辆信息与通信系统（vehicle information and communication system，VICS）从关东地区经中部地区发展到关西地区。到2000年，日本全国各个地区均已应用车辆信息与通信系统，同年电子不停车收费系统（electronic toll collection，ETC）计划也开始实施。2003年，信息技术与道路交通结合的智能公路开始出现，2006年发布的《智能交通系统手册（2006）》把日本智能交通系统建设提升到国家战略高度。2017年，在高速公路和偏远区域进行自动驾驶汽车测试，加快智能交通系统的建设和完善。日本计划于2025年前在全国范围内普及自动驾驶技术，通过自动驾驶的推广普及以期减少交通事故，争取于2030年实现交通事故发生次数为0的目标。

二、智慧交通,"策"马前行

2013年交通运输部正式将智慧交通列入战略部署,并将智慧交通作为"综合交通、绿色交通、智慧交通、平安交通"中的关键环节,正式拉开了我国智慧交通建设的序幕。近些年来,我国发布了多项与智慧交通相关的政策,例如:2017年2月3日国务院印发的《"十三五"现代综合交通运输体系发展规划》,2019年7月25日交通运输部印发的《数字交通发展规划纲要》,2019年9月19日中共中央、国务院印发的《交通强国建设纲要》,2019年12月9日交通运输部印发的《推进综合交通运输大数据发展行动纲要(2020—2025年)》等。

(一)《交通强国建设纲要》摘要

2019年9月,中共中央、国务院印发了《交通强国建设纲要》(以下简称《纲要》),要求2035年基本建成交通强国。《纲要》提到要科技创新、智慧引领,强化前沿关键科技研发,大力发展智慧交通。由追求速度规模向更加注重质量效益转变,由依靠传统要素驱动向更加注重创新驱动转变,构建安全、便捷、高效、绿色、经济的现代化综合交通体系。

《纲要》提出要大力发展智慧交通。推动大数据、互联网、人工智能、区块链、超级计算等新技术与交通行业深度融合。推进数据资源赋能交通发展,加速交通基础设施网、运输服务网、能源网与信息网络融合发展,构建泛在先进的交通信息基础设施。构建综合交通大数据中心体系，深化交通公共服务和电子政务发展。推进北斗卫星导航系统的应用。

《纲要》另外还提到强化前沿关键科技研发，瞄准新一代信息技术、人工智能、智能制造、新材料、新能源等技术研究，强化汽车、民用飞行器、船舶等装备动力传动系统研发。加强区域综合交通网络协调运营与服务技术、城市综合交通协同管控技术、基于船岸协同的内河航运安全管控与应急搜救技术等的研发。合理统筹安排时速600 km级高速磁悬浮系统、时速400 km级高速轮轨（含可变轨距）客运列车系统、低真空管（隧）道高速列车等技术储备研发。

《纲要》首次以中共中央、国务院的名义进行印发，这是党中央立足国情、着眼全局、面向未来做出的重大战略决策，国家现已将智慧交通建设提升到国家重要战略高度。

（二）《推进综合交通运输大数据发展行动纲要（2020—2025年）》摘要

2019年12月，交通运输部印发《推进综合交通运输大数据发展行动纲要（2020—2025年）》（以下简称《行动纲要》）。《行动纲要》明确了夯实大数据发展基础、深入推进大数据共享开放、全面推动大数据创新应用、加强大数据安全保障、完善大数据管理体系，共5类21项主要任务。

《行动纲要》中要求加强技术研发应用。推动各类交通运输基础设施、运载工具数字孪生技术研发，加快交通运输各领域建筑信息模型（BIM）技术创新，形成具有自主知识产权的应用产品。研究制定交通运输行业互联网协议第六版（IPv6）地址规划，推进第五代移动通信技术、卫星通信信息网络等在交通运输各领域的研发应用。开展综合交通运输体系下大数据关键技术研发应用。

《行动纲要》要求以数据资源赋能交通发展为切入点，按照统筹协调、应用驱动、安全可控、多方参与的原则，聚焦基础支撑、共享开放、创新应用、安全保障、管理改革等重点环节，实施综合交通运输大数据发展"五大行动"，推动大数据与综合交通运输深度融合，有效构建综合交通大数据中心体系，为加快建设交通强国提供有力支撑。

（三）《"十三五"现代综合交通运输体系发展规划》摘要

2017年2月3日，国务院印发《"十三五"现代综合交通运输体系发展规划》（以下简称《规划》）的通知。《规划》提出通过网络覆盖加密拓展、综合衔接一体高效、运输服务提质升级、智能技术广泛应用和绿色安全水平提升五大目标，到2020年，基本建成安全、便捷、高效、绿色的现代综合交通运输体系，部分地区和领域率先基本实现交通运输现代化的总体目标。

《规划》中要求实现智能技术广泛应用。全国交通枢纽站点无线接入网络广泛覆盖。货运业务实现网上办理，客运网上售票比例明显提高。基本实现重点城市群内交通一卡通互通，车辆安装使用ETC比例大幅提升。交通运输行业北斗卫星导航系统前装率和使用率显著提高。

《规划》中要求提升交通发展智能化水平。促进交通产业智能化变革，推动智能化运输服务升级，优化交通运行和管理机制。实施"互联网+"便捷交通、高效物流行动计划。将信息化、智能化发展贯穿于交通建设、运行、服务、监管等全链条各环节，推动云计算、大数据、物联网、移动互联网、智能控制等技术与交通运输深度融合，实现基础设施和载运工具数字化、网络化，运营运行智能化。培育壮大智能交通产业，以创新驱动发展为导向，大力推动智能交通等新兴前沿领域创新和产业化。

（四）《数字交通发展规划纲要》摘要

2019年7月25日，交通运输部印发《数字交通发展规划纲要》（以下简称《规划纲要》）的通知。

《规划纲要》提出以"数据链"为主线，构建数字化的采集体系、网络化的传输体系和智能化的应用体系，加快交通运输信息化向数字化、网络化、智能化发展，为建设交通强国提供支撑。

《规划纲要》要求推进第五代移动通信技术部署应用，2025年，第五代移动通信技术等公网系统要初步实现行业应用。交通与通信等产业深度融合，新业态和新技术应用保持世界先进水平。

《规划纲要》要求布局重要节点的全方位交通感知网络。

推动交通感知网络与交通基础设施同步规划建设。深化高速公路ETC门架等路侧智能终端应用，建立云端互联的感知网络，让"哑设施"具备多维监测、智能网联、精准管控、协同服务能力。注重众包、手机信令等社会数据融合应用。构建载运工具、基础设施、通行环境互联的交通控制网基础云平台，加快北斗导航在自由流收费、自动驾驶、车路协同、海上搜救、港口自动化作业和集疏运调度等领域的应用。

古今中外，交通不仅能影响了人们的生活，甚至能影响一个国家的命运。每个时代，交通领域跨越式的发展都与当时的科技创新密不可分。科技创新，对于开启城镇化进程、解决日益复杂的交通问题尤为重要。依托大数据、人工智能、区块链、新一代移动互联网等新技术，交通需从智能化到智慧化进一步升级转变。大力发展智慧交通已是大势所趋，为此国家发布了多项智慧交通相关政策，助力及引导智慧交通蓬勃发展。

《交通强国建设纲要》《推进综合交通运输大数据发展行动纲要（2020—2025年）》《"十三五"现代综合交通运输体系发展规划》《数字交通发展规划纲要》等相关交通政策相继推出，为我国智慧交通建设和发展打了一针"强心剂"，必将促进智慧交通产业的大发展。智慧交通需要将大数据、互联网、人工智能、区块链、超级计算等新技术深度融合。5G则是这些新技术深度融合的桥梁,将解决深度融合中涉及的实时海量传送、传送时延等问题,助力智慧交通各种应用顺利落地,把各种畅想变为现实,便利人们的生活。

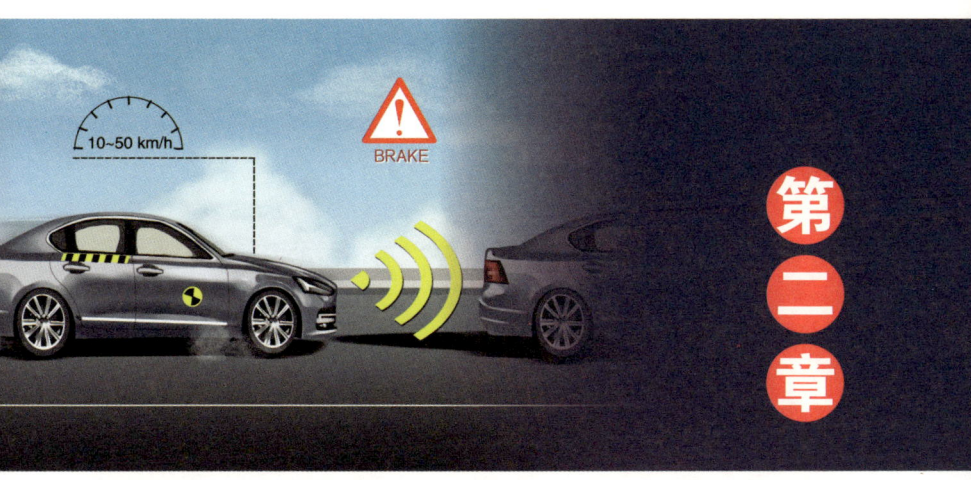

智慧交通遇上5G，如虎添翼

5G的世界　智慧交通

2019年6月6日，5G商用牌照正式发布，中国正式进入5G商用时代。在"信息随心至，万物触手及"的5G蓝图下，人们纷纷畅想未来的5G生活。有了5G的加持，未来的智慧交通将会是什么样子？5G关键技术如何助力智慧交通发展？智慧交通建设又将如何落地实施？本章将为你逐一介绍。

一、智慧城市，交通先行

5G生活畅想

2035年的一天，早上6点30分，你从睡梦中醒来，智能终端自动将当天的日程信息和天气情况推送到你的面前，看了信息后，你决定出行前再加一件外套。

7点，你走出家门，打开早已等候在路边的无人驾驶汽车车门。车辆是根据当天的出行计划提前预订的。关闭车门后，汽车座椅根据你乘坐的历史记录，自动调整至适合你的体形和舒适度的最佳位置。然后根据历史点播记录，打开你最爱听的背景音乐《高山流水》，同时播报你最近一直关注的财经主持人的早间股市点评节目。通过对随身佩戴的智能终端健康数据的读取分析，车载系统为你推荐的早餐菜单为1杯牛奶和2个鸡蛋，并建议当天减少脂肪的摄入。

车辆行驶前,汽车搜集了计划行驶道路所经过的所有红绿灯开启关停时间,在安全驾驶、准点到达的前提下,准确计算了汽车时速,尽可能做到全程不出现停车且车速平稳,如图2-1所示。行驶了5分钟后,汽车接收到由车辆调度中心发来的实时信息,发现原行驶路线由于发生交通事故而出现了拥堵,然后自动规划了备用路线,并在下一个路口及时右转。此时,汽车通过扫描路边店铺信息,发现附近一家电影院将于下周三上映一部大片,与你的观影偏好十分相符,随即向你的智能终端推送了该部影片信息。你浏览信息后在智能终端上支付,完成了观影订单。

图2-1 无人驾驶汽车

7点45分,汽车准点平稳停在公司大楼门口。你下车关闭车门后,随即收到了系统下发的本次行程记录,包括上下车时间、行驶路线、里程等信息,并附上了本次乘车的费用清单。此时,汽车已经自动驶离公司办公区,向下一个预订乘客上车点驶去。

以上场景,只是我们畅想的在未来智慧城市中的一个日常生活的出行片段,而不是大多数人认为的可能是好莱坞科幻大片中一段影像。未来,结合城市的建设发展,城市交通将会发生翻天覆地的变化,具体表现在以下五个方面。

1. 交通信息更全面

物联网的快速发展,将会实现交通系统、传媒系统、天气等多系统,以及车辆、交通杆、路灯、行人穿戴设备的自动互联,交通信息的来源会更广泛,人们出行所选择车辆的类型、油耗、行驶路线沿途的天气、空气质量、路口及交通信号灯数量等相关信息无所不包。

2. 交通信息传递更及时

信息技术的发展和传输技术的革新,促使交通信息的传递变得更为快捷迅速。车辆行驶过程中,除了能自动检测周边环境并及时应对以实现安全驾驶,同时还能及时接收周边环境的交通相关信息,如拥堵信息、相关区间内车辆的平均行驶速度、前方下一个交通绿灯的读秒时间等,使得车辆可以及时根据路况选择相应的驾驶方式和行驶速度,以适应当前环境下的交通状况。

3. 交通出行方式选择更智能

强大的智慧交通管理平台,加上AI和大数据技术的成熟应用,能更熟悉每个人的出行行为和偏好,自动规划更符合人们需求的出行计划。同时平台可以根据行程转换节点周边的交通状况,提供多种交通出行方式给人们选择。如人们初次到达一个城市,下飞机后就可以收到系统根据当前交通状况推荐的交通方式(如出租车、地铁、自驾)、相应路线及耗时成本,方便人们自主选择，实现低碳出行、绿色生活和可持续发展。

4. 交通管理决策更科学

交通设施的全联网和交通信息的全汇集，可获得更全面的交通信息数据。通过对交通信息数据的深入分析和建模，使交通调度和交通规划更科学。小到路段拥堵的疏解，红绿灯信号时长的优化，大到公交路线的调整，交通干道的新建，均可利用交通大数据进行模拟分析。还可对突发事件、重大庆典活动等进行交通人流实时监控，推演交通人流变化，做好应急管控。

5. 交通系统更高效

随着智慧交通的逐步实施和"5G+物联网+大数据+AI技术"的应用更加成熟，将会实现交通全程、全域（陆海空）一张网。"刷脸"进站、"扫一扫"支付等便捷方式，在提高个人出行效率的同时，也将促使交通网络更加智能化。"一站式"公众出行与"一单制"货物运输的普及必将大大提高交通运输效率。

二、智慧交通，5G来相助

（一）5G新特性破传输困局

5G是第五代移动通信技术的简称，国际标准化组织3GPP（第三代合作伙伴计划）定义了5G的三大场景，即增强型移动宽带（enhance mobile broadband，EMBB）、大规模机器类通信（massive machine type of communication，MMTC）、高可靠低时延通信（ultra-reliable and low latency communication，URLLC）。5G提出了比4G更高的关键性能指标。支持0.1~1 Gb/s的用户体验速率，每平方千米一百万的连接密度，毫秒级的端到端时延，每平方千米数十太字节每秒的流量密度，每小时500 km以上的移动性和数十吉字节每秒的峰值速率。其中，用户体验速率、连接密度和时延为5G最基本的三个性能指标，如表2-1、表2-2所示。

表2-1　5G性能指标定义

名称	定义
用户体验速率	真实网络环境下用户可获得的最低传输速率
连接密度	单位面积上支持的在线设备总和
端到端时延	数据包从源节点开始传输到被目的节点正确接收的时间
移动性	满足一定性能要求时，收发双方间的最大相对移动速度
流量密度	单位面积区域的总流量
用户峰值速率	单位用户可获得的最高传输速率

表2-2 4G与5G关键指标对比

关键性能指标	4G	5G
用户峰值速率	1 Gb/s	10~100 Gb/s
用户体验速率	10 Mb/s	0.1~1 Gb/s
端到端时延	10 ms	1 ms
连接密度	$1\times10^5/km^2$	$1\times10^6/km^2$
流量密度	0.1 Tb/(s·km^2)	10~100 Tb/(s·km^2)
移动性	350 km/h	>500 km/h

性能需求和效率需求共同定义了5G的九大关键能力。中国移动通信集团有限公司提出的"5G之花",如图2-2所示,完美地阐述了这九大关键能力,并被国际电信联盟(ITV)所接受。花瓣代表5G的六个性能指标,绿叶代表5G的三项效率指标,花瓣顶点代表相应指标的最大值。

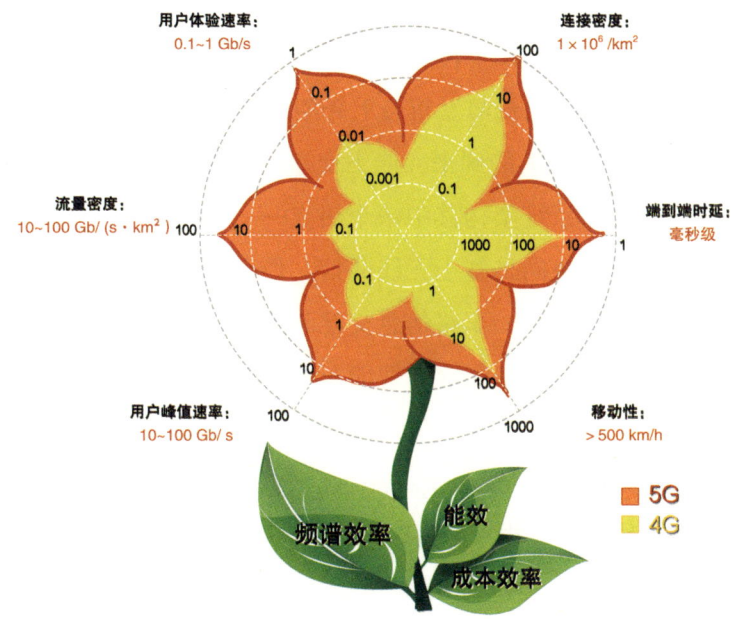

图2-2 5G关键能力

5G是4G技术的延伸，弥补了4G技术的不足，在吞吐率、时延、连接数量、能耗等方面进一步提升系统性能。5G相对于以往的移动通信而言，不仅仅面向"人"，还更多地面向"物"，5G致力于各行各业的行业应用和产业升级。

4G改变生活，5G改变社会。5G的到来，将颠覆各行各业，如图2-3所示。未来以5G为通信载体，与云计算、大数据、人工智能等新一代技术深度融合发展，将渗透到社会各领域，改变人们生活的方方面面。其中当然也包括交通运输领域，整个交通产业会迎来一次技术变革，交通发展由追求速度规模向更加注重质量效益转变，由各种交通方式相对独立发展向更注重一体化融合发展转变，由传统要素驱动向更加注重创新驱动改变。

2019年6月6日，我国正式颁发了5G牌照，各大运营商全面展开5G网络建设。2020年1月20日，工业和信息化部部长苗圩在国务院新闻办举办的新闻发布会上介绍，2019年全国建成的5G基站超过13万个。5G的到来，能为交通运输行业带来哪些变化呢？以智能交通系统架构其中一个热点——"智能车路协同系统"为例。车路协同是基于无线通信、传感探测等技术获取车路信息，并通过车车、车路信息交互与共享，实现车辆和基础设施之间的智能协同与配合。智能车路协同系统中的通信目前采用两种通信技术标准，一类是基于IEEE802.11p标准的DSCR（dedicated short range communication，专用短距离通信）技术，另一类为以移动通信技术为基础的蜂窝车联网（cellular vehicle-to-everything，C-V2X）。DSCR技术相对比较成熟，是目前的主流技术，但是DSCR主要应用于视距范围内的通信，而以移动

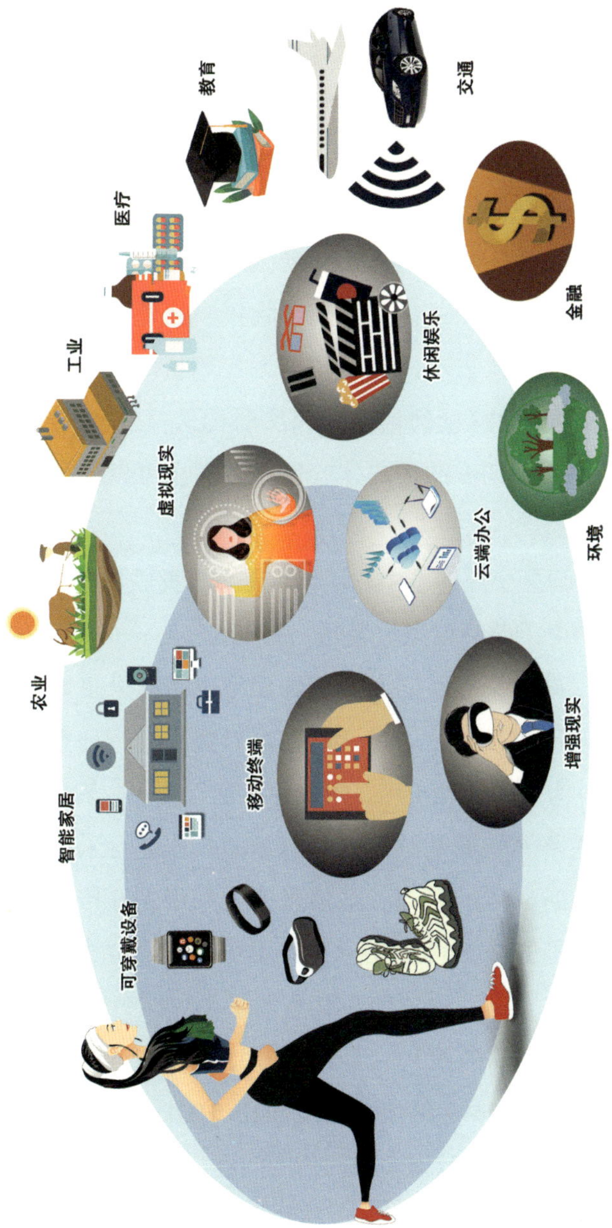

第二章 智慧交通遇上5G，如虎添翼

图2-3 5G总体愿景

通信技术为基础的C-V2X可以解决超视距的通信问题。目前采用的4G通信技术平均网络时延约为50 ms，试想时速100 km的汽车，从发现障碍到启动制动系统仍需至少移动1.39 m，这是不能达到无人驾驶的安全性要求的。而5G的时延可以达到1 ms，时延导致的安全性问题可以迎刃而解。5G+C-V2X联合组网可以实现网络全覆盖。另外，无人驾驶汽车需要实现车与车、车与人、车与路等的互相通信，其间会收集、处理并共享海量的信息。英特尔发言人表示，他们预期无人驾驶每秒产生的数据量为0.75 GB，如此海量的信息如何实时传送？5G的增强型移动宽带支持0.1～1 Gb/s的用户体验速率，完全可以支撑该业务的需求。

在整个智慧交通体系中，不仅仅是无人驾驶汽车需要采集信息，大量的电子感应设备、雷达、智能RSU（road side unit，路侧单元）、摄像头等路侧交通基础设施也需要采集数据。将采集的数据上传至云端，通过云端平台对数据进行计算、重构、深度挖掘，为交通管理所用，可以让交通管理更加智慧、更加人性化。这些路侧交通基础设施对海量的数据进行采集，同样面临着如何实时回传的问题。虽然理论上采用光纤传输可以解决这个问题，但光纤不可能在所有应用场景实现布放，而且大量布放光纤成本较高，这迫使在某些场景中只能另觅出路。5G来了，5G能满足随时随地0.1～1 Gb/s的用户体验速度，且同时满足 $10\sim100$ Tb/$(s \cdot km^2)$ 的流量密度和 $1\times10^6/km^2$ 级的连接密度要求，能彻底解决海量数据实时回传的问题。

（二）5G+智慧交通的关键技术

1. 边缘计算

> 章鱼是公认的最聪明的动物之一，它们在捕猎时异常灵巧迅速，触手之间配合极好，从不会缠绕打结。这得益于它们特殊的神经结构。章鱼约有5亿个神经元，其中60%都分布在章鱼的8条触手上，脑部仅有40%。每个触手都有独立的神经系统，有自己的想法。触手之间还可以绕过大脑直接沟通，触手之间做点什么，大脑都被蒙在鼓里。

边缘计算就相当于章鱼的触手，部分终端数据不经过云端（大脑），直接在分布式的边缘芯片/数据中心里处理。由于处理中心靠近数据源，这种处理方式极大地降低了网络带宽的压力和减少了数据处理响应时延。同时由于部分数据不经云端直接在边缘处理，也提升了数据的安全性和隐私性。

移动边缘计算（mobile edge computing，MEC）是边缘计算在移动通信网中的应用。在无线接入网（radio access network，RAN）端构建云服务环境，通过使一定的网络服务和网络功能脱离核心网络，实现节省成本、降低时延、减少往返时间（round trip time，RTT）、优化流量、增强物理安全和提高缓存效率等目标。基于MEC，终端用户可以获得更加极致的体验、更加丰富的应用以及更安全可靠的数据。

移动边缘计算可与车联网进行融合，如图2-4所示。交通监控

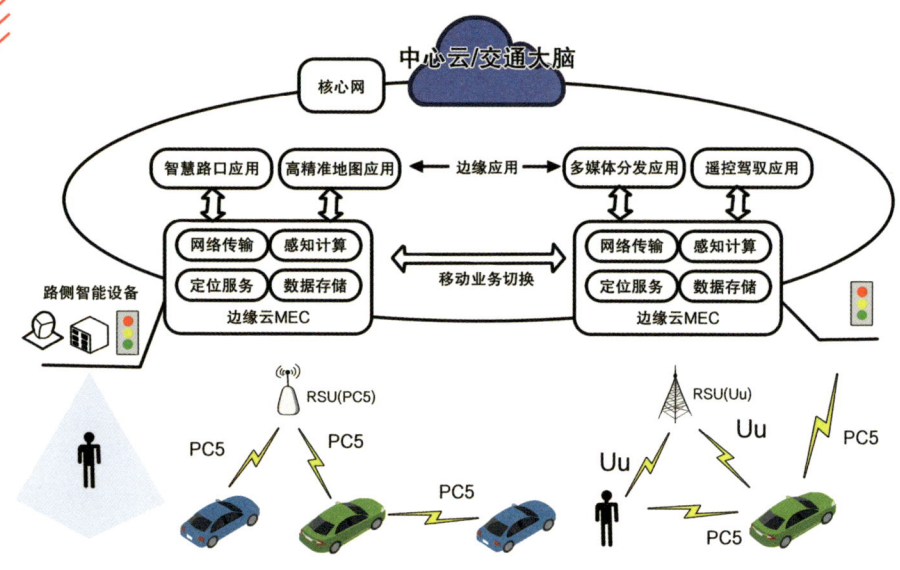

图2-4 MEC与C-V2X融合场景视图

的摄像头,平时会产生大量的视频信息,这些信息如果全部传送至控制中心,将会给交通控制中心的网络带来极大的挑战。若将大部分视频数据进行本地处理,仅将重要视频或者当控制中心发出查询视频指令时进行精准上传,将会极大地提升系统效率。要想实现此种数据处理方式,MEC是绝佳的选择。

另外,未来的自动驾驶、车辆的防碰撞检测、十字路口会车控制、超车变道等操作,要求车辆控制系统在检测到周边异常环境变化后在极短时间内做出正确应对,将对时延要求非常严苛。MEC技术结合5G能使时延达到毫秒级,可以完美解决自动驾驶存在的时延问题。

此外,基于MEC的开放接口,第三方应用开发商可以充分利用移动运营商提供的通信网络底层信息,开发基于位置的精准营销服务,结合大数据分析,提供高价值智能服务。如室内定位和车联网业务,均可依托于MEC开放接口,就近分析用户或车辆所在周边的Wi-Fi、人员、车辆、智慧路灯等信息是否同属一个MEC网络,从而实现快速定位,提升用户使用感知。

2. 超密集组网

智慧交通首先需要建立在一个泛在的交通基础设施上。泛在的交通基础设施如摄像头、路侧单元等,这些基础设施通信涉及海量的数据实时传送。在不久的将来,即使是L4/L5级别的自动驾驶,车与车、车与人、车与基础设施间的通信,其传送的数据量也是惊人的。

5G网络除了满足智慧交通的容量需求,同时还要应对其他领域应用的需求。未来数据流量将迎来井喷式的增长,在一些热点地区其增量将超过1 000倍。而无线物理层技术(如编码技术、调制技术和多址技术等)只能提升约10倍的频谱效率,即使采用更宽的带宽也只能提升几十倍的传输速率,远远不能达到5G的容量目标要求。

5G采用超密集网络部署,通过减少小区半径,获得更大的小区分裂增益,可显著提高频谱效率,提高网络覆盖率,大幅度提升系统容量。超密集组网是5G提升系统容量的关键技术之一。

5G的超密集组网是一个异构的网络,即在宏小区覆盖区域内部署低功率传输节点,形成由宏小区和小小区组成的多层异构网络。5G的传输节点不但数量多,且各传输节点有可能是工作在不同频带（如2GHz、毫米波）、使用不同类型的频谱资源（授权、非授权）、采用不同的无线传输技术［Wi-Fi（无线上网）、LTE（长期演进）、WCDMA（宽带码分多址）］。采用异构网络不仅可以保证覆盖，提高小区分裂的灵活性及系统容量，分担宏小区的业务压力，还可以扩大宏小区的覆盖范围。

　　随着网络密集化程度的不断提高，干扰及移动性问题变得越来越严重，传统的以基站小区为中心的架构已不能满足需求。假设你驾驶着一辆汽车，车载终端正在进行数据通信，以基站小区为中心的架构，采用LTE R12引入的双连接技术，可允许终端控制面与宏站连接，用户面同时与宏站和低功率传输节点连接。在车辆行驶过程中发生小小区切换时，数据通信连接不会中断，但由于宏站提供的吞吐量和小小区提供的吞吐量差异较大，切换过程中，物理层吞吐量将大幅下降，不能达到"一致性用户体验"。5G提出了以用户为中心的小区虚拟化技术。其核心是以"用户为中心"分配资源，可以达到"一致性用户体验"的目标。虚拟小区技术将用户周围的接入点组成虚拟小区并联合服务该用户，并以之为中心。随着用户的移动，新的接入点将加入小区，而过期的接入点将被快速移除。图2-5表示了用户中心化的虚拟小区的工作原理。具体来说，用户周围大量的接入点构成虚拟小区，以保障用户处于虚拟小区中央。一个或多个接入点将被新的接入点替换，这意味着随着用户的移动，新的接入点将加入移动小区的边缘。这种虚拟小区的主要优点是保持较高的用户体验速率。

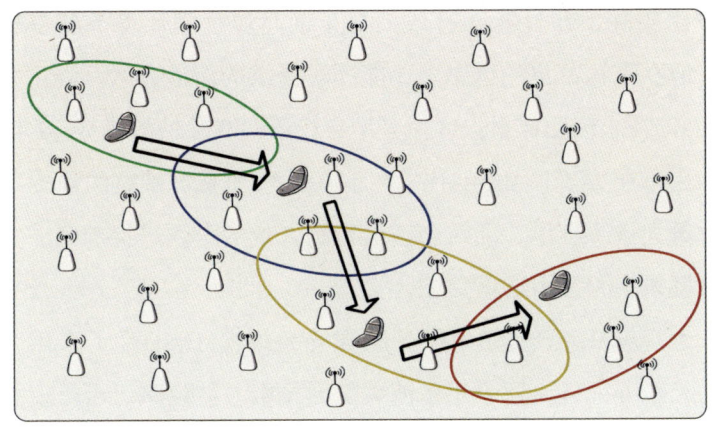

图2-5 用户中心化的虚拟小区工作原理

随着小区部署密度的增加,超密集组网将面临许多新的技术挑战,如干扰、移动性、站址、传输资源以及部署成本等。因此,如何灵活部署与维护、干扰管理和抑制、接入和回传、联合设计以及小区虚拟化技术等是超密集组网的重要研究方向。

3. 大规模多输入多输出

多输入多输出(multiple-input multiple-output,MIMO)技术,顾名思义是指在发射端和接收端分别使用多个发射天线和接收天线,MIMO技术在4G时代已经被广泛使用,只是4G MIMO最多使用8天线,而在5G可以使用16/32/64/128天线,甚至更大规模,因此5G时代称为massive MIMO或大规模MIMO。

大规模MIMO有什么用呢?举个例子,每次节假日期间,高速公路ETC收费站都会出现大量的车辆在排队等候的情况。目前的ETC一般采用的是DSRC技术,其物理层采用IEEE 802.11a协议标准,采用OFDM(正交频分复网)调制方式,提供的数据传输速率比较高,并且能够有效抵抗车辆高速移动环境下的多径干扰,但在车辆密集的道路上,能同时提供的信道数量有限。大规模MIMO技术应用在重点区域多用户场景时有独特的优势。ETC系统如果采用大规模MIMO技术,能在不增加系统带宽的前提下,有效增大系统容量,能对高速运行的大量的车辆进行准确、实时的数据采集和费用结算。

大规模MIMO是如何做到的呢?大规模MIMO除了采用大规模的天线阵列外,还采用了波束赋形技术。波束赋形可以说是大规模MIMO的灵魂,两者相辅相成,缺一不可。波束赋形就是根据特定场景自适应调整天线阵列辐射图的一种技术。简单来讲,传统的天线像电灯泡,能照亮整个房间。而波束赋形就像手电筒,光亮可以智能地汇集到目标位置上。并且可以根据目标的数目来构造手电筒的数目。天线的数目越多、规模越大,波束赋形发挥的作用就越大。在5G时代,天线阵列从一维扩展至二维,波束赋形能够同时控制天线方向图在水平方向和垂直方向的形状,演进为三维波束赋形。三维波束赋形就好比手电筒的光束跟随目标做水平或垂直方向上的移动,保证目标都能够被照亮。

在追求高速移动数据速率、大信道容量的5G时代,大规模MIMO有着得天独厚的优势,具体优势如下。

更精确的三维波束赋形,提升终端接收信号强度。不同的波束都有各自非常小的聚集区域,用户始终处于小区的最佳信号区域。

同时同频服务更多用户,提高网络容量。由于在覆盖空间中对不同用户可形成独立的窄波束覆盖,使天线系统能够同时传输不同用户的数据，从而可以数十倍地提升系统吞吐量，提高网络容量。

有效减少小区间的干扰。由于天线波束非常窄，并且能精确地覆盖用户，可以大大减少对邻区的干扰。

更好地覆盖远端、近端小区。波束在水平方向和垂直方向上的自由度可以带来连续覆盖上的灵活度和性能优势，更好地改善小区远端边缘用户和有所谓"天线下'塔下黑'现象"的近端用户的信号覆盖。

根据大规模MIMO的优势，常用的典型场景主要有重点区域多用户场景，大规模的天线和精确波束覆盖，不仅能提升容量，而且能显著提升用户体验速率；高楼覆盖场景，三维波束赋形可以有效提升水平方向和垂直方向上的覆盖能力，可同时覆盖高、低层，既能覆盖到所有用户，又能利用波束赋形有效提升信号质量，如图2-6所示。

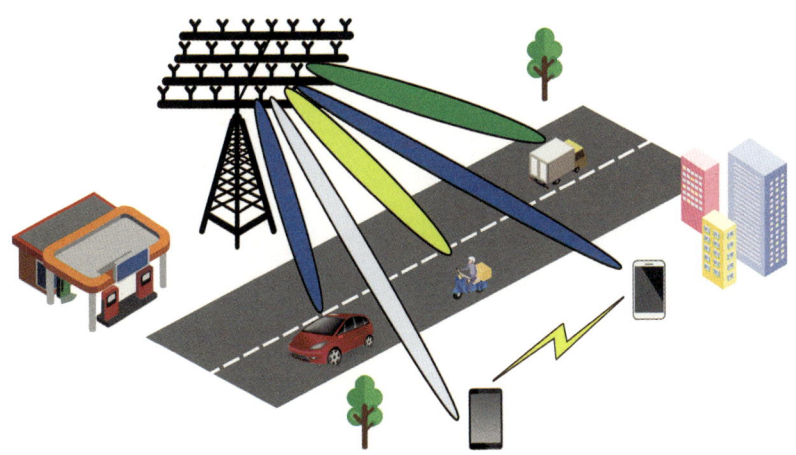

图2-6　massive MIMO

4. 网络切片

网络切片（network slicing，NS）是一种按需组网方式，可以让运营商在统一的基础设施上构造出多个虚拟的端到端网络，每个网络切片从无线接入网、承载网再到核心网上进行逻辑隔离，以适配各种类型的应用。

软件定义网络（software defined networking，SDN）和网络功能虚拟化（network functions virtualization，NFV）是网络切片的基础。SDN是一种新型的网络架构，它将网络设备的控制平面与数据转发平面分离，并将网络的控制功能全部集中在控制器上，实现网络的可编程性。NFV技术是将软硬件进行解耦，将网络功能整合到行业标准的服务器、交换机和存储硬件上，提供优化的虚拟化数据平面，并且可通过服务器上运行的软件取代传统物理网络设备的技术。

目前3GPP协议已经定义通过三种类型的网络切片支持国际电信联盟提出的三大应用场景：增强型移动宽带（eMBB）、高可靠低时延通信（uRLLC）和大规模机器类通信（mMTC），从而避免每种业务都新建独立网络造成的巨大建网成本和制约业务发展的问题，同时网络切片之间的隔离也保证了网络的安全性，如图2-7所示。网络切片的引入给网络带来了极大的灵活性，主要体现在切片可按需定制、实时部署、动态保障等方面。

网络切片，本质上是将运营商的物理网络划分为多个虚拟网络，每一个虚拟网络根据不同的服务需求，如移动性、计费、策略控制、时延、带宽、安全性和可靠性等来进行划分，以便灵活

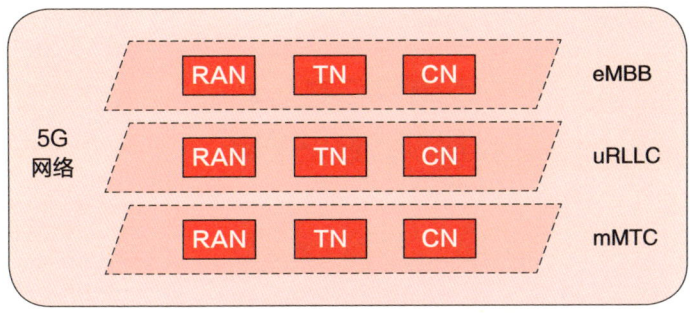

图2-7　5G网络切片

应对不同的网络应用场景。例如，一个大规模物联网服务连接的固定传感器只为了测量温度、湿度、降雨量等天气信息，则不需要移动网络中那些主要服务于手机的切换、位置更新等功能。而自动驾驶以及远程控制机器人等即时响应的物联网服务则需要达到毫秒级的端到端时延要求，这和移动宽带业务大不相同。网络切片技术可以很好地为此类问题提供解决方案，使业务特征和需求差异巨大的不同应用场景共享同一张可靠性达到99.99%的电信级网络。

未来，从人们常见的增强现实（AR，augmented reality）、虚拟现实（VR，virtual reality），到自动驾驶、智慧交通及无人机，再到物流仓储、工业自动化及万物互联，5G作为新一代的通信基础设施，将支持大量垂直行业的多样化业务场景（图2-8），推动各行业的转型升级。5G网络所具备的端到端网络切片能力，可以将所需的网络资源灵活动态地在全网中面向不同的需求进行分配及能力释放，并进一步动态优化网络连接，降低成本，提升效益。

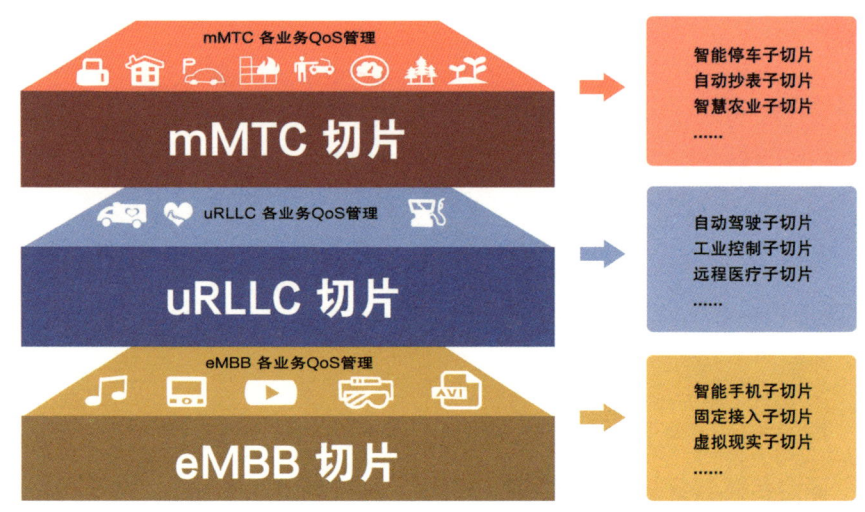

图2-8　网络切片

5. 端到端通信技术

端到端通信（end-to-end communication，D2D）技术是一种在系统的控制下，允许终端之间通过复用小区资源直接进行通信的新型技术。它能够增加蜂窝通信系统的频谱效率，降低终端发射功率，在一定程度上解决无线通信系统频谱资源匮乏的问题。

传统的蜂窝通信系统是以基站为中心实现小区覆盖，由于基站无法移动且覆盖范围有限，其网络结构的灵活性受到限制。随着无线多媒体业务的增多，各种复杂环境下的业务需求对传统以基站为中心的组网方式提出了挑战。

D2D技术无须基站的帮助就能够实现通信终端之间的直接通信，拓展网络连接和接入方式，如图2-9所示。由于短距离直接通信，信道质量高，D2D能够实现较高的数据速率、较低的时延

和较低的功耗;通过广泛分布的终端,能够改善覆盖,实现频谱资源的高效利用;支持更灵活的网络架构和连接方法,提升链路灵活性和网络可靠性。

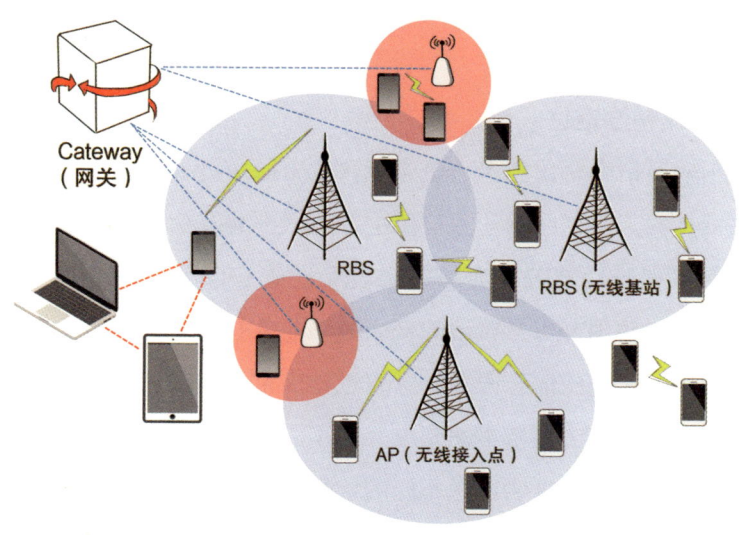

图2-9 端到端通信技术

车联网中的V2V(vehicle-to-vehicle,车辆与车辆)通信就是典型的物联网增强的D2D通信应用场景。每一个车载单元可以与附近其他车辆上的车载单元进行直接的通信,无须通过基站或者路侧单元的转发。这样车辆之间通信的时延可以大大降低,传输速率也可大幅度提升。例如,在高速行车时,车辆的变道、减速等操作动作,可通过D2D通信的方式发出预警,周围的其他车辆可基于接收到的预警对驾驶员提出警示,甚至在紧急情况下对车辆进行自主操控,以缩短在紧急状况下驾驶员的反应时间,降低交通事故发生率。另外,通过D2D技术,车辆能更可靠地发现和识别其附近的特定车辆,例如经过路口时的具有潜在危险的车辆、具有特殊使用性质的需要特别关注的车辆(如载有危险品的车辆、校车)等。基于终端直通的D2D由于在通信时延、邻近发现等方面的特性,使得其应用于车联网安全领域具有独特的优势。

6. 高精度定位

车辆高精度定位技术,是实现智慧交通、自动驾驶不可或缺的关键技术。车联网的业务应用主要包括交通安全、交通效率、信息服务和自动驾驶。典型的交通安全业务有交叉路口碰撞预警、紧急制动预警等;典型的交通效率业务有车速引导、紧急车辆避让等;典型的信息服务业务有近场支付、地图下载等。定位精度是定位服务中最基本的要求,在不同的业务应用、不同的场景下,对定位的精度要求是不同的,例如辅助驾驶对车的定位精度要求在米级,而自动驾驶业务对定位的精度要求在亚米级甚至厘米级。

在不同的场景和环境下都能满足各业务应用定位的性能指标要求,确保定位的稳定性和可靠性,这是开展车联网业务必须满足的前提。车作为移动的实体会经过不同的场景,如隧道、高速公路、密集城区、地下车库等,还会受到如光线、天气、遮挡等不同环境的影响。考虑这些复杂的环境、场景,还有成本以及稳定性等因素,单纯采用某一种定位技术并不能满足车联网业务的定位要求,通常采用多种技术的融合来实现精准定位,包括GNSS(全球导航卫星系统)、无线电(如蜂窝网、局域网)、惯性测量单元、传感器以及高精度地图。

在定位方案中，基于实时动态差分技术（real-time kinematic，RTK）的GNSS是最基本的定位方法。GNSS技术在室外空旷无遮挡环境下可以达到厘米级，但是在遮挡场景、隧道或密集城区等场景下性能较差，因此其应用场景仅限于室外环境。基于传感器的定位是车辆定位的另一种常见方法，但高成本、对环境的敏感性差以及地图的绘制和更新速度慢都限制了传感器定位的快速普及。GNSS或传感器等单一技术无法保证车辆在任何环境下的高精度定位性能要求，因此会结合其他一些辅助方法，例如惯性导航、高精度地图、蜂窝网等以提高定位的精度和稳定性。其中蜂窝网络对于提高定位性能至关重要，例如基于5G的蜂窝网能支持RTK数据和传感器数据的实时传输和高精度地图的实时更新等。另外5G本身的定位能力，也为车辆高精度定位提供了强有力的支撑。

在5G及C-V2X迅速发展和快速普及的背景下，结合对车辆高精度定位的场景分析和性能需求，车辆高精度定位系统网络架构主要包括终端层、网络层、平台层和应用层，如图2-10所示。其中终端层实现多源数据融合（卫星、传感器及蜂窝网数据）算法，保障不同应用场景、不同业务的定位需求；网络层包括5G基站、RTK基站和路侧单元，帮助定位终端实现数据可靠传输；平台层提供一体化车辆定位平台功能，包括差分解算能力、地图数据库、高清动态地图、定位引擎，并实现定位能力开放；应用层基于高精度定位系统能够为应用层提供车道级导航、线路规划、自动驾驶等功能。

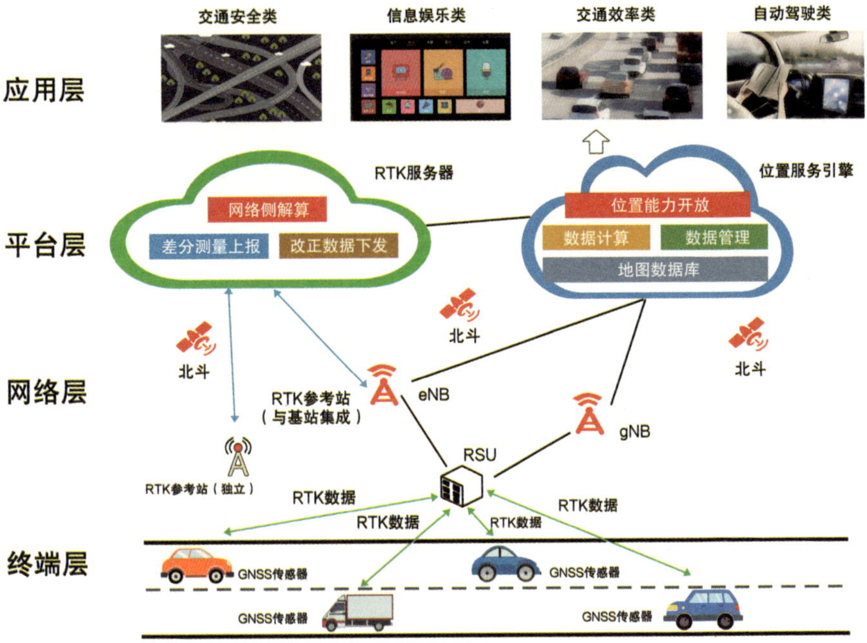

图2-10 车辆高精度定位系统网络架构图

7. C-V2X

V2X，顾名思义就是车对万物连接，它是车联网的灵魂。按连接的对象可以分为V2V（车辆与车辆）、V2I（车辆与基础设施）、V2P（车辆与行人）、V2N（车辆与互联网），如图2-11所示。

V2X可以用于各种防碰撞、防翻车的提醒，追尾警告、超车碰撞警告、堵车排队警示、十字路口盲点警示、弯道减速警告等。除了防碰撞，还可以实现巡航控制、行驶队形控制、智能车队控制等车辆间的协作功能，使车辆在道路上的运行更加有序和高效。

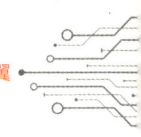

第二章 智慧交通遇上5G，如虎添翼

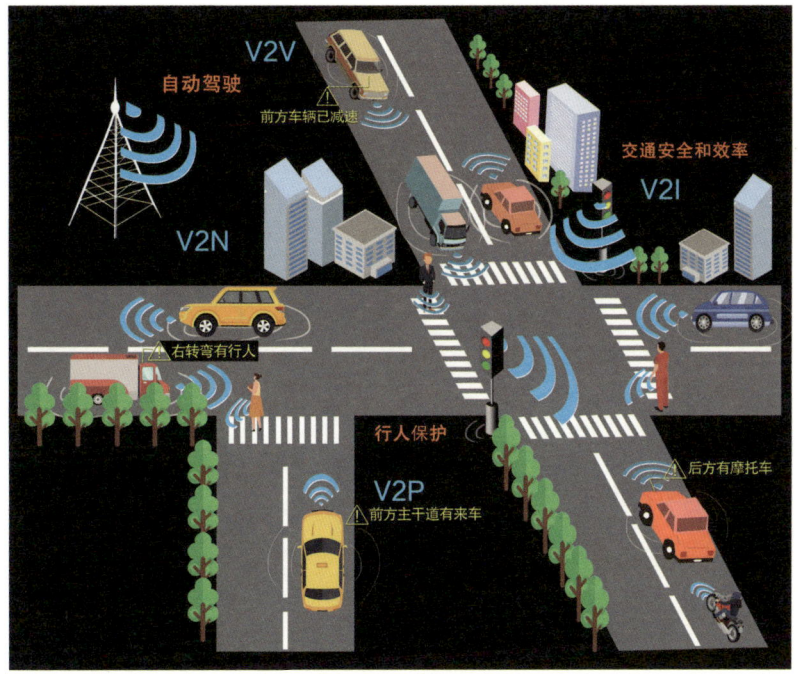

图2-11 C-V2X

C-V2X是基于蜂窝移动通信技术的V2X。V2X早期主要是基于DSRC。C-V2X作为后起之秀，支持两种通信接口，即蜂窝通信接口（Uu）和直连通信接口（PC5）。蜂窝网络具有覆盖范围更广的特点，而直连通信接口则可以让汽车与其他车辆、路侧单元等基础设施直接通信，拥有更快的响应速度。

与DSRC相比，C-V2X的优势在于：①用户间干扰小，支持并发用户多，车辆高密度部署场景中仍可保持可靠连接；②基于蜂窝的通信网络，有效通信距离远，可以给驾驶员提供更长的刹车反应时间；③可以与4G和5G蜂窝移动通信网络复用，降低部署成本；④网络覆盖广，可提供远距离事件预警；⑤3GPP制定了全球统一的通用标准，便于使用单一芯片组，模块成本大幅降低；⑥C-V2X作为5G的重要组成部分持续演进，技术持续保持先进。

因为技术的领先性，C-V2X得到交通、汽车以及通信等众多产业的广泛支持，成为实现智能网联发展最先进的技术标准。当前C-V2X技术的产业链逐步成熟，C-V2X车载终端的装车率不断提升，路边基础设施不断完善，相信不久的将来，基于C-V2X标准的车联网将触手可及。

（三）5G与智慧交通契合点

5G就像是一种催化剂，将加快物联网、大数据、云计算、人工智能等高新技术的深度融合，使智慧交通的发展步入快车道，整个交通行业将迎来前所未有的变革。

1. 5G与车联网

车联网是近年来的热点技术之一，得益于5G超低时延、超高传输带宽、超大连接等特性，车联网技术"安全"和"智能"两大主线得以快速发展。5G超大连接是车联网C-V2X技术实现的基础，也就是车与万物互联的基础；而5G超低时延和超高传输带宽则确保了车联网技术应用中最让人期待的自动驾驶技术得以实现。车辆行驶中需要将摄像头和传感器收集到的海量数据，与云端交通设施和其他交通参与者等进行快速交互，这些数据的通信就需要一个具有足够的带宽和极低的时延的通道来支撑，这就是5G网络能够辅助自动驾驶的基础。5G赋能无人驾驶，不仅体现在高可靠的数据交互、协同计算上，还体现在更精准的感知上。5G能提高感知精度，使车端、路端和云端的感知融合做得更好。5G是无人驾驶快速落地的加速器。

2. 5G与智能车路协同系统

智能车路协同系统是基于无线通信、传感探测等技术获取车路信息，并通过车与车、车与路的信息交互和共享来实现车辆和基础设施之间智能协同与配合，保证交通安全，提高通行效率，减少城市污染，从而形成安全、高效和环保的道路交通系统。智能车路协同系统主要有三个特点：一是注重人–路–车的整体协调；二是注重大规模、大范围的联网联控；三是注重充分利用多种模式的交通网络与信息交互。智能车路协同系统的这些特点，凸显了智能车路协同中无线通信网络所处的重要支撑地位。随着5G的到来，智能车路协同系统将逐渐完善，并将加快促进道路网、传感网、控制网、能源网以及管理数据基础平台五网融合，实现不同等级的智能车辆在同一道路上同时运行，从而达到车路协同。

3. 5G与道路标识数字化、智能化

随着5G的发展，我国公路将加快数字化、智能化改造，道路的标识、规则将进行智能化改造。在未来，道路标识（如"前方道路施工，请减速慢行"）、红绿灯等将能根据路况来自主地协调控制车辆、行人的通行时间。未来还将出现虚拟红绿灯技术，将行驶权和路权的判断交给在十字路口附近行驶的每一辆汽车，让它们"集体投票"决定某一方向的某一辆车应该通行还是停下，并通过车载显示器或抬头显示技术，以红绿灯的形式提醒司机。这意味着每辆车都装了一套红绿灯系统，根据红绿灯指示提醒汽车继续行驶或停止。

4. 5G与高速无障碍收费

高速拥堵的原因有很多，其中高速停车缴费就是造成拥堵的重要原因之一。随着5G的发展，高速公路将实现无障碍收费全覆盖。在专属的ETC车道上，相关平台系统对行驶汽车进行精准实时定位，在进入自动计费路段，自动结算系统将计算出行驶汽车的高速路费并生成收费信息，行驶汽车在接收到电子收费信息后，车主可通过网站进行自主电子缴费，从而省去停车缴费这一过程。一旦高速无障碍收费工作进入正轨，高速公路将从自动抬杠过渡到无杠，不停车快速通行也将成为现实。

5. 5G与道路意外情况预识别

在智能交通管理系统中，道路意外情况识别是智慧交通管理的重要依据。目前的道路意外情况识别主要依赖摄像头等设备采集道路交通监控区域的图像，再对道路行驶中的车辆、对车辆碰撞事件等进行识别。随着5G的发展，未来的智能摄像头能对道路行驶中的车辆图像进行结构化分析，在事故发生之前就能预知车辆短时间的运行状态，将车辆碰撞事件扼杀在萌芽之前，即通过多种手段（如人工智能视频分析等技术）对高速路意外状况进行预警，从而实现道路交通事故多状态预识别，避免交通事故的发生。而这种预识别能力，也是未来安防行业发展的重点。

三、智慧交通，重在落地

（一）智慧交通规划

智慧交通是智慧城市建设的重要组成部分，也是提升政府治理能力，实现国家治理现代化的重要手段之一。日本、美国等智慧交通发展比较好的国家的经验表明，早期统一的顶层规划功不可没。国内各个试点城市的智慧公交、BRT（快速公交系统）等智慧交通应用的成功落地，也得益于早期政府主管部门的统一规划和后期实施中的统一协调。

智慧交通是一个宏大复杂的系统，智慧交通的参与者涉及政府、企业、科研机构、公众等，数据资源共享涉及跨部门、跨领域等，这需要政府作为主导来打破部门、机构、领域等信息资源壁垒，充分整合信息资源，做好顶层设计。同时，智慧交通不是一蹴而就的系统，需要企业、科研机构持续地跟进研究，以市场需求为导向，通过技术的不断进步，朝纵深、智能的方向发展。

智慧交通顶层设计首要做好需求分析，需求分析主要可以从用户需求、功能需求两个维度着手。用户需求维度的参与者一般有政府、社会公众等。政府希望整合交通行业的数据资源，做好城市发展规划、交通需求管理、协同应急等宏观决策；交通管理部门则希望在交通监控、交通指挥疏导、交通执法、车辆与驾驶员管理、交通安全、交通管理设施等方面提出自己的需求；社会公众更加偏好于出行前规划、出行中引导、个性化服务的多样化。功能需求维度需结合当地的实际需求，以实际业务需求为导向；功能需求一般包括交通监测、决策支持、交通控制和指挥、交通执法、交通管理综合应用、综合交通信息服务等。

智慧交通应坚持以人为本、服务民生、以需求为导向、统筹规划、创新引领、绿色低碳、节能环保、智能高效的建设原则，依托先进的技术，充分考虑出行者的个性化需求，给予出行者贴心、安全、高效的出行体验。最终实现交通运输效率大幅提升，交通管控精准智能，交通信息全面及时，交通体验舒适快捷和交通系统低碳节能。

（二）智慧交通框架

智慧交通整体框架一般可以分为数据采集、数据资源共享和分析、数据业务应用、指挥决策可视化四个层级。

以下为某市智慧交通的总体框架，分为交通大数据采集及数据中心、交通大数据共享和分析平台、交通大数据业务应用平台、交通大数据指挥决策可视化平台四个部分，如图2-12所示。

1. 交通大数据采集及数据中心

交通大数据采集及数据中心建立了交通大数据统一数据规范及目录体系，主要内容包括但不限于：交通行业基础信息数据库、GIS（地理信息系统）数据库、视频数据库等。对各类交通数据进行采集、审核、分类、查询、统计，形成交通行业基础数据库，同时满足数据库的按需扩展，扩展后不会影响整体系统运行。

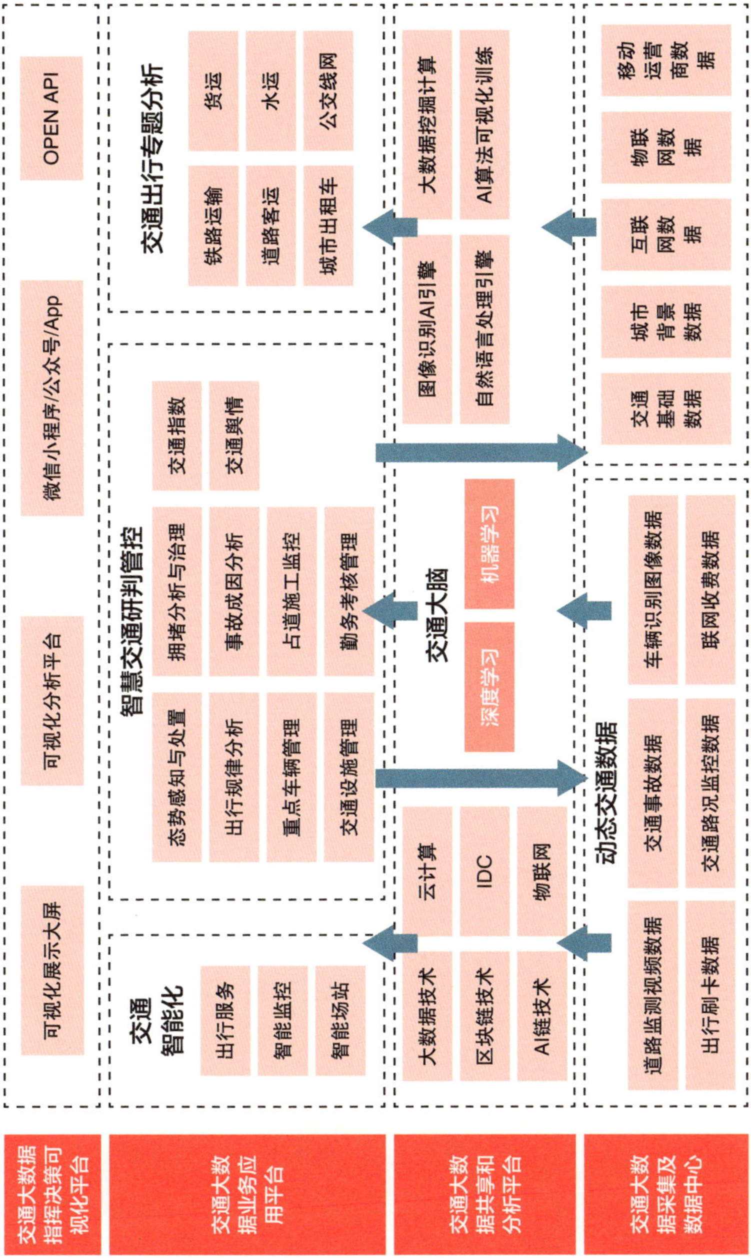

第二章 智慧交通遇上5G，如虎添翼

某城市智慧交通总体框架

交通大数据指挥决策可视化平台
- 可视化展示大屏
- 可视化分析平台
- 微信小程序/公众号/App
- OPEN API

交通大数据应用平台
- 交通智能化
  - 出行服务
  - 智能监控
  - 智能场站
- 智慧交通研判管控
  - 态势感知与处置
    - 出行规律分析
    - 重点车辆管理
    - 交通设施管理
  - 拥堵分析与治理
    - 事故成因分析
    - 占道施工监控
    - 勤务考核管理
  - 交通指数
  - 交通舆情
- 交通出行专题分析
  - 货运
  - 水运
  - 公交线网
  - 铁路运输
  - 道路客运
  - 城市出租车

交通大数据共享和分析平台
- 动态交通数据
  - 道路监测视频数据
  - 出行刷卡数据
  - 交通事故数据
  - 交通路况监控数据
  - 车辆识别图像数据
  - 联网收费数据
- 交通大脑
  - 机器学习
  - 深度学习
  - 图像识别AI引擎
  - 自然语言处理引擎
  - 大数据挖掘计算
  - AI算法可视化训练

交通大数据采集及数据中心
- 大数据技术
- 区块链技术
- AI链技术
- 云计算
- IDC
- 物联网
- 城市背景数据
- 交通基础数据
- 移动运营商数据
- 物联网数据
- 互联网数据

图2-12　某城市智慧交通总体框架

2. 交通大数据共享和分析平台

交通大数据共享和分析平台是交通大脑的核心，采用大数据、AI、图像识别、云计算等技术，实现交通大数据的采集、整合、清洗、挖掘、计算分析、业务建模、模型展示等功能，并以多种展示方式输出分析结果。

3. 交通大数据业务应用平台

融合多业务系统的数据，建立针对铁路运输、道路客运、城市出租车、货运、水运、公交线网等方面业务的专题大数据分析平台，实现交通全领域的数据分析和决策。

4. 交通大数据指挥决策可视化平台

大数据通过高清大屏可视化呈现，实现数据综合显示功能，平台根据数据接入的内容与类型、数据特征等进行个性化展现，呈现方式直观、简单、形象。

未来便捷的出行方式、高效的交通管理模式令人期待。未来的交通管理模式和交通出行方式的变革是颠覆性的，5G将是这场变革得以实现的基础。5G将大数据、互联网、人工智能、区块链、云计算等新技术与交通行业深度融合，推进数据资源赋能交通发展，最终构建起一个高效、便捷、安全、绿色、经济的智慧交通体系。5G的关键技术（边缘计算、超密集组网、大规模MIMO、网络切片、端到端通信、高精度定位、基于5G的C-V2X等）让5G在交通行业里增强型宽带、高可靠低时延、大规模机

器通信的三大应用场景中游刃有余。5G的用户峰值速率达到10~100 Gb/s的标准，满足高清视频等大数据量传输要求；空中接口时延水平达到毫秒级，满足自动驾驶等实时应用要求；超大网络容量，提供每平方千米百万级设备的连接能力，满足车联网通信需求；连续广域覆盖和高移动性下，用户体验速率达到0.1~1 Gb/s，支持500 km/h的移动性。

未来的智慧交通架构融合了万物互联的新型组态，是一种高阶全感知的交互模式，能最大程度地满足不同时段的功能需求、方位监测等各类型应用场景需求。5G无线传输网络能规避更多的地理条件限制，是构建智慧交通体系的关键核心技术。智慧交通体系的建设，需要国家相关部门做好顶层设计，跨部门、跨领域协同，社会各界力量共同参与。坚持以人为本、服务民生、以需求为导向、统筹规划、创新引领、绿色低碳、节能环保、智能高效的建设原则，才能构建出现代化高质量的智慧交通体系。

5G + 智慧出行,让生活更美好

随着通信技术的发展，手机等通信工具逐渐演化成智能终端，与此同时，新一代通信技术在车联网方面的应用，也实现了远程车辆控制、大数据预警、实时导航以及随时随地与外界交流，让我们的出行更便利，也更有乐趣。

从目前行业发展的态势来说，5G未来可能在以下几个方面为交通带来明显变化：

首先，5G将极大地推动车联网以及无人驾驶领域的技术升级，促进新型共享汽车的形成。

其次，驾驶智能化使每辆汽车互相连接，并且可以判定相互的位置。随着5G网络的崛起，通信运营商可提供部分网络切片，为汽车安全应用提供异常迅速的响应速度，即使汽车行驶到 120 km/h，也能够有足够的响应时间，因为智能汽车的反应速度将会是毫秒级的。这也让汽车变得更加安全，尤其针对自动驾驶最常见的应用场景，例如紧急刹车，需要瞬间进行大量的数据处理并及时做出决策，这些都需要依赖5G的大宽带、超高连接数、高可靠性和高精确度等超强能力来共同完成。

最后，高精度地图等服务信息化将成为主导。即便是当下我们使用的百度地图、高德地图等导航产品，在实际应用中还是存在一定程度的偏差。与现有的地图不同，基于5G的操作，可将几乎所有物体的信息定位在道路上，车内可通过5G网络将监控车辆和监控车辆识别的周围物体的实时变化上传到地图，实现精确定位。

一、服务信息化,出行更便捷

(一)出行信息查询和规划

近年来,随着我国经济的快速发展以及城镇化建设步伐的加快,城镇居民面临着日益严峻的交通出行问题,交通拥堵就是其中之一。拥堵的交通给居民的日常生活造成了严重的不便,解决出行难问题已成为民众的迫切要求,为此出行信息服务应运而生。

出行信息服务旨在引导居民智慧出行,通过移动互联网技术、电子技术等高新技术在交通领域中的应用,为居民出行提供信息服务,以提升出行的便利性及舒适度,提高交通服务水平。

出行信息服务的内容包括许多方面,其中应用最广、需求最大的就是出行信息的查询和出行的规划。

1. 出行信息查询

上下班出行,自驾旅游出行,节假日返乡出行,我们大部分人每天都要面临出行问题,在出行前我们第一步要做的就是查询出行信息。通过什么交通方式到达目的地,自驾还是公共交通?火车还是飞机?汽车还是轮船?自驾路上会不会堵车?道路是否限行?火车票有没有卖完?飞机票打不打折?目的地的人数、天气如何?等等,如图3-1所示。如果目的地是旅游景点,能不能提前买票?景区的排队情况如何?等等,这些都是我们每次出行常关心的问题。我们所查询的信息囊括了公共交通的静态和动态服务信息(枢纽拥挤程度、乘坐线路、公交地铁时刻表/运行状态)、路况信息(车

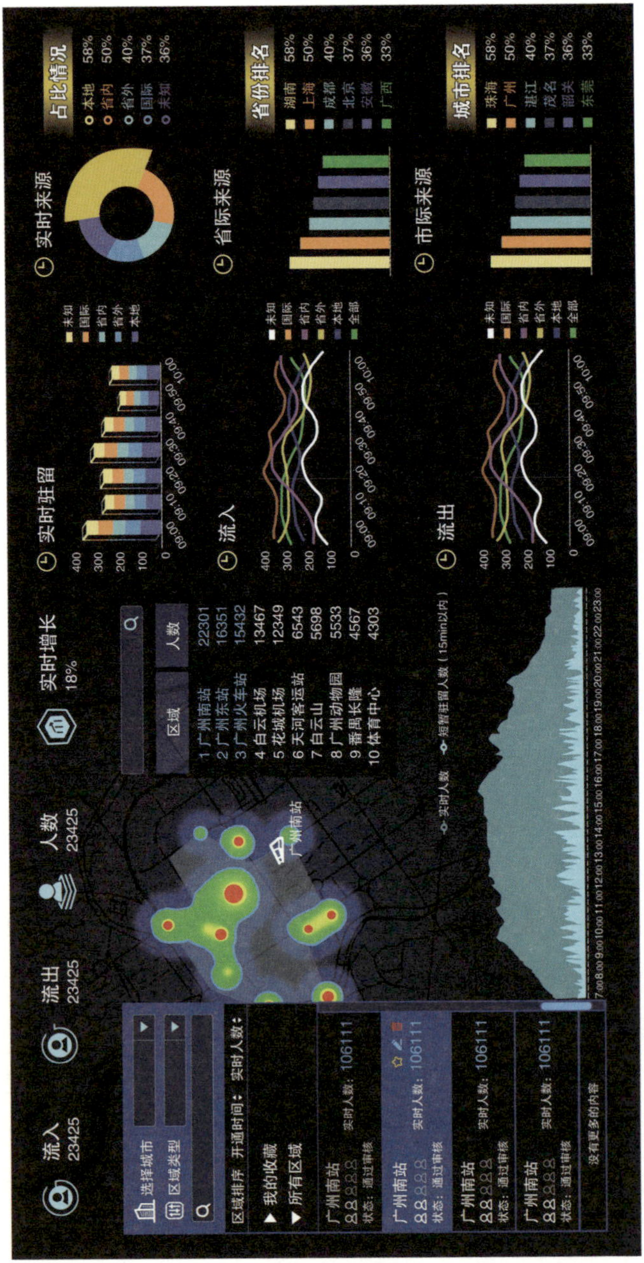

流入 23425
流出 23425
人数 23425
实时增长 18%
选择城市
区域类型
区域排序 开通时间 实时人数
我的收藏
所有区域
广州南站 实时人数：106111 状态：通过审核
广州南站 实时人数：106111 状态：通过审核
广州南站 实时人数：106111 状态：通过审核
广州南站 实时人数：106111 状态：通过审核
没有更多的内容
区域 人数
1 广州南站 22301
2 广州东站 16351
3 广州火车站 15432
4 白云机场 13467
5 花城机场 12349
6 天河客运站 6543
7 白云山 5698
8 广州动物园 5533
9 番禺长隆 4567
10 体育中心 4303
广州南站
实时人数
短暂驻留人数（15min以内）
实时驻留
流入
流出
实时来源
省际来源
市际来源
未知 国际 省内 省外 本地
未知 国际 省内 省外 本地 全部
占比情况
本地 58%
省内 50%
省外 40%
国际 37%
未知 36%
省份排名
湖南 58%
上海 50%
成都 40%
北京 37%
安徽 36%
广西 33%
城市排名
珠海 58%
广州 50%
湛江 40%
茂名 37%
韶关 36%
东莞 33%

图3-1 客流统计

辆拥堵情况)、路线选择信息(前方交通事故信息)以及相关配套设施信息(加油站、公厕位置)。此外,气象信息(阴晴雨雪等天气状况)也是我们出行过程中所常需查询的。

由于移动互联网的发展和普及,出行服务应用产品的丰富,我们出行需要查询的很多信息都能及时获取,很大程度上满足了我们出行的信息需求。但使用中我们依然会遇到很多问题,拥堵路线除了色块显示,还有没有视频呢?车站现在到底是什么情况呢?公交或地铁到了哪里?旅游目的地的视频图像信息能不能查看?这些问题都受限于科技的发展水平和产品应用的丰富程度。

而以5G网络为基础的大数据、云计算、物联网等技术的融合发展使满足上述需求成为可能。5G网络具备的增强型移动宽带、大规模机器类通信、高可靠低时延的特性,让万物可以互联,并可及时地进行信息交互;高带宽的特性可大幅度提升道路监控视频回传的质量及效率;而5G的边缘计算能力,可通过AI算法就近部署,提高了交通数据处理和预测的能力;大数据、云计算、AI技术的应用能够对海量数据进行快速检索、快速统计分析,同时能够进行深度的关联分析,挖掘出其中有价值的信息,提升大规模交通联动调度效率。

试想一下未来,行驶中如果出现拥堵,行车系统通过大数据早已对接下来的交通状况做了预测分析,为你做出精准预测和避堵方案。你还可以调取沿线的交通视频查看拥堵的情况;通过车站网络直播查看进站排队的情况;可穿戴设备可随时告知你公交或地铁到了哪里,不再让你盲目焦急地等待;通过旅游景点的视频直播查看景点停车场情况。以5G网络为基础的万物互联,打通了任意设备与交通设施和交通管理部门数据的壁垒,你查询信息不再只是通过几个地图出行软件,而是可通过任意可穿戴设备、智能家庭终端、车载智能终端等设备实现随时随地查询。

2. 出行规划

在查询到相关出行信息后,接下来我们要做的就是出行规划。试想一下,我们每次出行最关心的问题是什么?就是如何才能花更少的时间、走更少路程到达目的地,或者按照预先的设想合理地途经我们需要经过的地方,然后到达最终目的地。面对复杂多变的交通状况,准确预估出行时间受很多方面因素的影响,例如是否是上下班时段或出行高峰期,路面状况如何,是否有交通事故或临时管制,天气状况是否利于交通,等等。好的出行规划能为出行者精确预估通行时间,能够根据出行者设定的出发地、目的地、行程设置,给出最合适的路线,精准估算用时。因此出行规划就是针对出行者从起点到终点的出行路线,好的出行规划就是在多条出行路线中选择最优的路线。

例如,当你接到公司的出差任务,按往常从你家出发到机场仅需一个小时,但由于最近机场附近有道路因施工而临时封闭,需要改道绕远路,比正常通行时间要多花将近半个小时。这时,通过大数据预测就能做到"未卜先知"。大数据通过采集所有与交通相关的数据信息进行分析和预测,细心地考虑到了出行者出发时的道路限行、施工、红绿灯等信息,并全面综合历史相同时刻的路况、路线用时,再结合出行者的个人习惯,为出行者计算推荐出一条最合适、最舒心的出行路线并预估出所需要的时间。

> 我们再来设想一下，未来某天清晨你被智能音箱唤醒，智能音箱告诉你"今天天气晴朗，宜出行踏青"，然后你在刷牙的时候，面前的镜子罗列了周边几个适合郊游的目的地供你挑选，当你选好目的地之后，镜子自动把目的地信息发送到车载导航，随后车载导航经过一系列的精确估算再通过智能音箱告诉你哪个时间段出门走哪条路会最便捷。这样是不是想一想都觉得很酷，其实这也是出行信息查询和规划的一部分，而这一切相信都会随着5G的应用而越来越接近生活。

5G时代的出行规划，不再是我们现在常用的简单的地图软件出行规划，而是把个人出行需求、出行偏好信息、驾驶习惯信息实时传输到云端，将其与交通设施、交通站场、出行工具、停车服务等完美匹配，形成信息共享，再依据每个人出行需求匹配出来的合理的出行规划。

（二）车辆导航和行车诱导

前面我们介绍了出行的规划，其中提到当出行者面临拥堵路段时，出行规划能根据事先建好的预估模型，规划出一条最优线路，它是如何规划的呢？这跟我们接下来要介绍的内容——车辆导航和行车诱导息息相关。

1. 车辆导航

在4G时代，我们使用的大部分地图软件虽然已经很方便也很清晰，但是它们还是存在一定的误差。

重庆，相信大家对这座城市都不陌生吧，这座以"3D魔幻之都"著称的城市在2017年因为一座复杂的立交桥——黄桷湾立交又着实火了一把。黄桷湾立交,共5层结构、20条匝道,这个被笑称"走错一个匝道,就是重庆一日游"的黄桷湾立交,是一个就连导航都纷纷"甩锅"的地方。

当然,以上所述只是个段子,不过这也从侧面反映出4G时代下尽管我们使用的地图导航软件在大部分情况下都很清晰明了,但是在某些地形复杂的路段尚未能完全做到精确定位。这时,5G的优势便彰显出来了。5G会让高精度定位成为地图标配,将让地图服务中的高精度定位、超精细渲染、免唤醒语音服务等都成为可能。与现有的GPS(global positioning system,全球定位系统)相比,5G支持下的导航误差会大大减小,像过去在隧道或高架桥上信号减弱、导航界面变灰色、定位点飘移的情况也会大大减少。因为5G能将几乎所有物体信息定位在道路上,而5G的高密度基站,可以有效增加网络信号的稳定性和定位的信息量,同时基于5G的信息量,可以在信号盲区实现亚米级高精度室内定位,此外车内还可以通过5G网络将监控车辆和监控车辆识别的周围物体的实时变化上传到地图平台,从而进一步提高定位的精确度。

2. 行车诱导

前面提到,出行规划有助于我们及时避开行车拥堵路段,但有些时候在现有道路环境下拥堵无法避免,例如春运期间,各高速公路车流量急剧增多,有些道路又是回家途中绕不开的必经之路,这时候就需要有良好的行车诱导手段来及时疏导拥堵的车流。

那什么是行车诱导呢?简单来说,行车诱导就是通过诱导道路使用者的出行行为来改善路面交通,减少车辆在道路上的逗留时间,并且最终实现交通流在路网中各个路段上的合理分配,从而防止交通阻塞的发生。行车诱导能根据出行者的出发地和目的地向道路使用者提供一条最优路径引导指令,或是通过提供实时交通信息帮助道路使用者找到一条最优路径,而这种诱导离不开电子、计算机、网络和通信等现代技术的支撑。

提及春运,相信大部分人都或多或少经历过,抢票难、高速公路拥堵、各大机场火车站人流拥挤等都让大家对春运印象不好。面对这些交通难题,行车诱导就发挥出积极作用了。

2020年1月11日,某地图软件在交通运输部运输服务司的指导下,针对春运出行特点,结合出行信息查询规划和行车诱导上线了全国首个"春运交通预报"系统,该系统包括了"春运出行预报""春运实时播报"和"春运跨城迁徙"3部分,如图3-2所示。

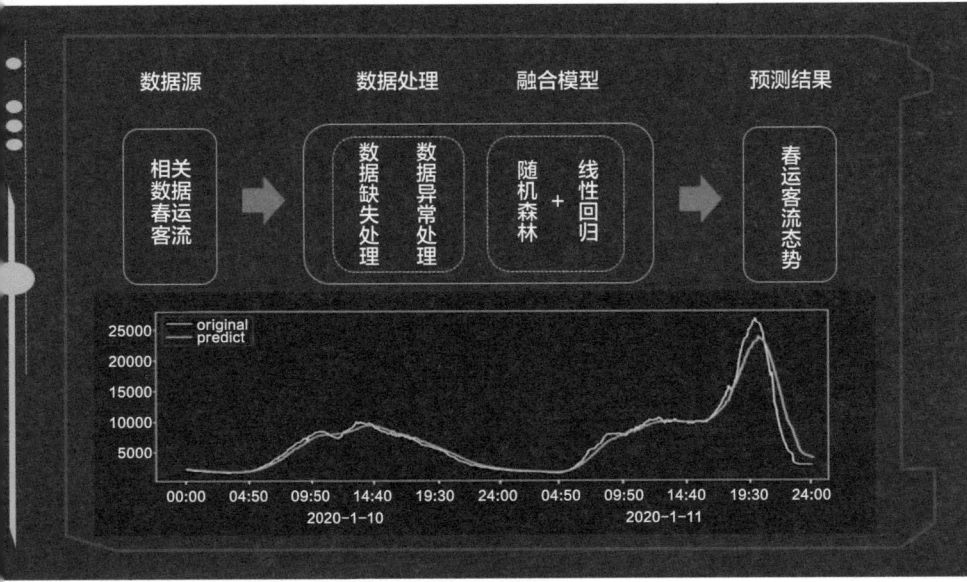

图3-2 春运交通预报

"春运出行预报"可以预测未来七天内全国大部分省、市（24个省、50个城市）的高速拥堵情况；"春运实时播报"则可查看全国高速路网、场站（火车站、机场）、收费站的实时拥堵情况，数据每2分钟更新一次；"春运跨城迁徙"可以查看过去一天内京津冀、长三角、珠三角、成渝等重点区域热门迁徙路线。"春运交通预报"系统通过视频设备、物联网产品、互联网产品等渠道获取海量交通出行大数据，并基于人工智能的数据融合及5G技术，快速识别出高速公路的路况、事件信息。不但在春运期间可以为交通运输行业主管部门提供决策参考，提醒管理方及时规划，同时还能及时通知用户，有效引导旅客合理安排计划，错时错峰出行，实现高速、安全、畅通出行。

每年春运，都会有浩浩荡荡的"摩托大军"从外地返乡。该地图软件还推出了国内首个摩托车导航，根据城市禁限行规则、摩托车车牌的不同，帮用户有效避开禁限行，同时为用户提供沿途天气预报和安全提示。"摩托大军"可以通过组队功能，实现同一路线的返乡群众组队回家。组队功能还可帮助"摩托大军"共享位置，防止成员走丢。

上述种种都得益于通信技术发展的日益成熟。凭借5G技术和海量用户上报的实时状况，地图软件与交通管理部门合作，实时获取权威数据。地图软件温暖了一条条团圆路，让出行更美好，也让科技更有温度，更让我们看到了未来交通的发展离不开现代化的信息技术、政府及全民的参与支持。

（三）ETC与无感支付

1. ETC

2019年以来，取消全国省界收费站成为社会关注的热点。怎么取消，又该如何实现无障碍收费呢？答案就是普及推广使用ETC，如图3-3所示。

图3-3　ETC收费站

那什么是ETC呢？ETC即电子不停车收费系统，也被称为自动道路缴费系统，普遍用于高速公路或桥梁自动收费。通过安装在车辆风窗玻璃上的车载电子标签与在收费站ETC车道上的RSU之间进行的专用短程通信，利用计算机联网技术与银行进行后台实时结算处理，从而达到车辆通过高速公路或桥梁收费站无须停车就能交纳通行费用的目的。

2019年5月10日，交通运输部副部长戴东昌表示，取消省级收费站后，要确保在2019年底之前，ETC的使用率达到90%以上，以保证整个路网运行通畅。国家之所以出台一系列的方针政策大力推广普及ETC来深化落实收费公路制度改革，主要是因为ETC特别适合在高速公路或交通繁忙的公路和桥隧环境下使用。

目前全国各高速公路收费处都设有专门的ETC收费通道，车主只需在爱车上安装车载单元（on board unit，OBU；又称应答器或电子标签，一般安装于车辆前面的风窗玻璃上），当车辆通过收费站时，安装在ETC车道上的路侧单元感应到有车辆通过，RSU发出询问信号，OBU做出响应，RSU与OBU通过微波来传递信息，再通过中心管理系统一系列的后台数据处理，自动识别车辆。若识别通过，则进行计费、扣费，发送信号给栏杆控制器，抬杠允许放行；若识别不通过，则闯卡报警器发出警报，直到车辆退出感应器感应范围，如图3-4所示。这整个过程，OBU与

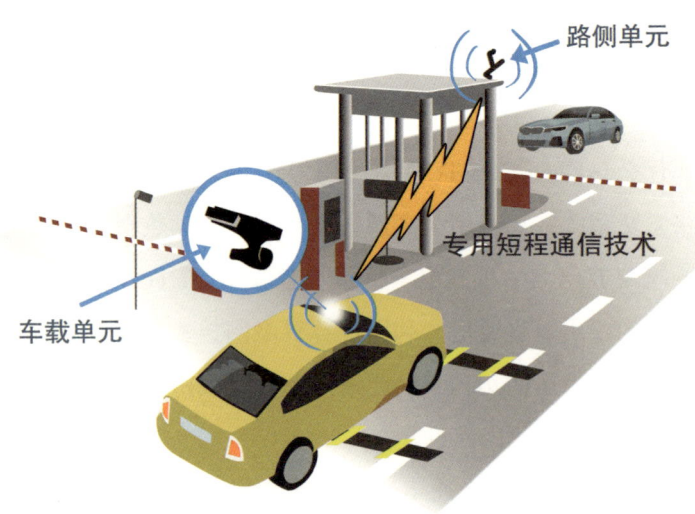

图3-4　ETC原理

RSU通信时间很短,系统运算速度很快,实际上每辆车的收费耗时都不到两秒,车主不用人工缴费,也无须停车,通行费将在后台计算完成后自动从卡中扣除,即实现了自动收费。对比人工缴费,自动收费不仅极大提高了通行效率,还可以让公路收费走向无纸化、无现金化管理,既环保又解决了收费低效的问题。

根据交通运输部发布的数据显示,2019年ETC新增用户超过1.2亿,截至2019年底全国用户累计达到2.04亿。ETC覆盖率大幅提升,使用场景也逐渐从单一的高速通行向停车、加油、洗车等用车消费场景延伸。ETC作为汽车移动支付工具,正逐渐成为智慧交通服务的接入点。相信在不久的将来,ETC将承载对基础设施、道路运输及车流的综合感知,感知的内容能传输给交通工具使用者和城市管理者,这是交通与汽车智能化融合的开始。简单点说,就是ETC让车"聪明起来",一边连接着路,一边连接着车,再将连接的内容服务于人。

不过随着ETC的全面普及,乱扣费、盗刷、系统尚不稳定以及客服电话打不通、线下营业厅排队等问题也接踵而来。诚然,这都是ETC正在面临的巨大挑战,但是从长远发展的角度来看,5G、无人驾驶、车联网这些技术的成熟都在为智慧交通的发展提供更多有力的支持。未来智能电子标签特别是具备移动通信5G能力的智能电子标签的发展,在满足ETC自由流收费的同时,丰富路与车之间的信息交互内容,为将来过渡到车路协同技术,提前构建起完整的"智能电子标签+智能路侧设备+云端信息服务平台"基础框架。ETC技术将更主动地拥抱各类新技术,如移动支付技术、电子车牌技术、高清视频识别+地图信息技术、北斗高精度定位技术等,做好融合发展,使ETC识别准确率更高、交易速度更快、线上化发展思路更清晰。

2. 无感支付

在实现车辆"无感支付"这个路径当中,其实业界一直存在终端ETC设备与基于机器视觉的车牌识别两种方案的争论。在全球范围内不同国家因地制宜,两种方案均有成功落地的商用案例。客观来讲,无论是ETC还是车牌识别场景应用,实际上都有利弊。

ETC的优势在于强化了与车辆绑定的唯一性,但电磁波传输易受干扰,且设备失效故障情况并不罕见。车牌识别虽然不依赖车载终端,对于用户层面更加便捷,但车牌识别系统仅通过2D视觉层面的技术原理,无法有效规避"套牌"等违法行为,同样存在一定的弊端。

人们期盼有一种既安全又便捷,并且无须像ETC那样大范围安装终端的车辆"无感支付"方案出现。3D视觉技术的发展,或有希望解决这一难题。

3D视觉技术目前在移动支付领域应用较为广泛,其技术原理在于通过3D视觉传感器捕捉物体的3D立体信息,检测精度可达到金融支付的安全等级。通过3D视觉技术进行车辆3D图像采集、多元特征信息提取分析,不难识别车型是否与车牌信息统一,广泛应用也许可以在很大程度上规避"套牌"现象,兼顾高效与安全。无论是3D视觉技术还是ETC,通过其运行逻辑我们不难发现,无感支付发展的趋势在于让用户方摆脱介质的束缚和牵绊,让支付"悄然"发生,同时强化安全管理。

3D视觉技术在面向人与车的应用场景中发挥了关键性作用，赋予机器智能终端"看懂"万物的能力，亦成为打造未来智慧交通发展的重要一环。无论是无感支付，还是为交通安防助力，其发展的根本诉求在于高效运行与安全升级。

从早期的实验室测试，到打造未来高效安全的智慧交通，看似天马行空的想象正在一步步成为现实。而在未来智慧交通发展的路径当中，以5G+AI为基石，驱动万物智联，3D视觉无感支付将在交通运输领域大展身手，创造出新的辉煌。

二、驾驶智能化，出行更安全

5G以其超大带宽、超低时延和超大接入量的特性，拓宽了汽车与外界联系的通道，使汽车与万物互联，让交通变得更加安全。5G的低延时通信让车路协同成为可能，辅以云计算又能让智能驾驶系统加速发展。5G将所有智能设备连接起来，让城市成为一个整体，这是实现智慧交通的必经之路。

（一）智能驾驶的分级

关于汽车智能化分级，国际汽车工程师协会（SAE）把驾驶分为L0～L5六个层级。

L0：人工驾驶，无驾驶辅助系统，仅提醒。

L1：辅助人工驾驶，可实现单一的车速或转向控制自动化（如定速巡航系统、自适应巡航控制），仍由人工驾驶。

L2：部分自动驾驶，可实现车速和转向控制自动化，驾驶员必须始终保持监控（如车道中线保持）。

L3：有条件自动驾驶，可解放双手（hands off），驾驶员须保持注意力以备不时之需。

L4：高级自动驾驶，可解放双眼（eyes off），在一些预定义的场景下无须驾驶员介入。

L5：全自动驾驶，完全自动化，不需要驾驶员（driverless）。

其中L0指的是人工驾驶，L1～L2可称为自动驾驶辅助系统，L3～L5可称为自动驾驶系统，L5是指已经达到人类驾驶水平，可智能处理所有路况。

（二）现阶段的智能驾驶

现阶段的智能驾驶处于L2~L3阶段，仅是单车智能，即通过车上安装多个摄像头、毫米波雷达、激光雷达等传感器，这些传感器构成了汽车的"眼睛""耳朵"，识别周围的环境、车辆，再依靠车辆本身的运算单元、控制系统对收集到的数据进行快速筛选、分析、合成，最后协同合作，从而实现智能驾驶。

现阶段常见的驾驶辅助系统主要有巡航控制系统、车道保持辅助系统、自动泊车辅助系统、刹车辅助系统和行车辅助系统。

1. 巡航控制系统

定速巡航系统（CCS），就是设定一个固定的速度，汽车就会按照这个速度一直跑下去。其作用是不用踩油门踏板就可以使车辆自动地保持固定的速度行驶。

自适应巡航控制（ACC），是定速巡航系统的高级版，允许车辆巡航控制系统动态调整速度以适应交通状况。安装在车辆前方的雷达用于检测在本车车道前方是否存在速度更慢的车辆。若存在速度更慢的车辆，ACC系统会降低车速并控制与前方车辆的距离；若系统检测到前方车辆并不在本车行驶道路时将加快本车速度使之回到之前所设定的速度，实现了在无司机干预下的自主减速或加速。

2. 车道保持辅助系统

车道保持辅助系统通过摄像头识别行驶车道的标志线，为车辆保持在车道内行驶提供支持。如果车道保持辅助系统识别到本车道两侧的标记线,系统就处于待命状态。当车辆可能脱离行驶车道时,就会通过方向盘的振动提醒驾驶者。系统对有目的的换道,例如在跃过标记线前打了转向灯则不会有振动警告。

3. 自动泊车辅助系统

传统倒车系统以倒车雷达和倒车影像为主,以图像、声音的直观形式告知驾驶者车与障碍物的相对位置,解决因后视镜存在盲区带来的困扰,从而为驾驶者倒车泊车提供方便,消除安全隐患。

自动泊车辅助系统以超声波和机器视觉作为检测手段,超声波传感器检测障碍物,并能结合摄像头自动识别停车线,当汽车自动检测好停车位置和距离时,只要驾驶者按下确认键,该系统就会自动泊车,实现全智能泊车。

4. 刹车辅助系统

辅助刹车通过传感器分辨驾驶者踩踏板的情况,识别并判断是否启动紧急刹车程序,一般正常刹车时该系统并不会介入,而是让驾驶者自行决定刹车时的力度大小。但当其侦测到驾驶者忽然以极快的速度和力量踩下刹车踏板时,会判定此时需要紧急制动,于是便会对刹车系统进行加压,以增强刹车压力。由于该系统能立刻建立起最大的刹车压力,因此能达到理想的制动效果。

5. 行车辅助系统

行车辅助系统主要包括超强防抖摄像,多路同步录像、录音、存储、播放与实时显示等功能,方便录像资料备份。并且在行驶过程中,操控方便,可以根据行驶状态自动切换所需要的画面(如车右转时,LCD显示图像只显示右侧摄像头录取的画面),也可以强制切换画面,还支持快速查找搜索播放功能。

（三）5G时代下的智能驾驶

由于现阶段的单车智能只通过车载传感器（"眼睛""耳朵"）来感知周围的情况，而道路环境异常复杂，雷达、摄像头和激光雷达等单车传感器系统存在局限性，容易受天气、光线等环境因素的影响，在一些无法预知的突发情况下，没有办法选择合理的路线，使行车安全难以保证。基于5G网络的"车联网"技术将形成车辆与车辆、车辆与行人、车辆与路网之间的车路协同系统，相当于开启了"上帝视角"，使车辆"眼观六路、耳听八方"。无论是视野之外的环境信息，还是附近车辆的行驶意图，都能通过5G网络及时传递到智能汽车中，使智能驾驶达到L5阶段，行车过程自然更加安全、便捷。

5G网络可以提供毫秒级超低时延，最高可达到10 Gb/s的传输速率，以及每平方千米百万级的连接数和超高可靠性。基于5G网络的汽车互联技术能使汽车与外界环境进行实时信息交互。

V2X，指的是车辆与各个外部对象之间的信息交互，V2X具体包括：

V2I：车辆与基础设施间的通信，例如车辆与红绿灯或者十字路口标识牌间的交互。

V2V：车辆与车辆间的通信，例如十字路口交会车辆或者前后车辆间的交互。

V2P：车辆与行人间的通信，例如车辆与过马路的行人或者周围骑车的人的交互。

V2N：车辆与互联网间的通信，例如车辆与导航路径规划或者高精度地图的交互。

依靠V2X，汽车与外界实现了充分的沟通，可以得到更多的外界信息。基于5G网络的V2X的车路协同与单车智能相比，不仅着眼于车的智能，还侧重于路的智慧。V2X通过将车与路、云端进行联网，实现行人、路网与车辆之间有效信息的协同感知和协同决策，让城市交通系统成为一套庞大的、真正意义上的"车联网"，每辆车与行人、车辆、路网都在进行信息交互，如同现在智能终端连接到因特网一样，相当于赋予了汽车一个可以无限拓展的大脑，让其可以进行更复杂的运算，赋予汽车无限的智能。

例如，在自动驾驶通过弯道后将遇到一辆静止在道路上的车辆的场景中，单车智能自动驾驶所利用的摄像头及雷达等传感器是无法提前检测到危险的，当通过弯道发现后，即便车辆立即做出判断，也很难确保不发生事故。而V2X则可以通过网络共享信息，当前方车辆停下的那一刻，就已经被一定范围内的其他车辆感知到，从而可以帮助周围的车辆提前做出决策，避免事故发生。

另外，由于高精度道路导航地图具有更加丰富细致的道路信息，可以更加精准地反映道路的真实情况，因此数据量庞大。而5G网络更为宽广的数据通道和更低的数据时延让高精度导航成为可能。高精度地图配合车辆进行自动驾驶导航，通过可视化呈现周围的真实场景，使自动驾驶自动完成环境感知、高精度定位、车道规划、控制等任务操作，给用户带来更符合其认知习惯的三维世界显示方式，用户的使用舒适性大大提高，同时也提高了自动驾驶的安全性。

（四）5G时代下的智慧出行

5G网络就像一把钥匙，打开了未来城市智慧交通的大门。通过车路协同，路会告诉车"我看到了什么"，车会告诉路"我经历了什么"，从而赋予车"千里眼"和"顺风耳"，不但能实现自动驾驶，更能保障安全、疏导交通，高效分配道路资源。

1. 自动驾驶

（1）全自主自动泊车。基于车路协同的自动泊车技术，智能汽车在乘客下车后，可自动驶往停车场停车，如图3-5所示，中途可完全自主实现行人规避、车辆规避、车位自动寻觅等功

图3-5　自动泊车

能，同样，乘客仅需一键操作即可唤醒车辆自动驶来为其服务。

（2）自动网约车。未来在5G技术及车路协同技术的帮助下，乘客用手机预约叫车，等待几分钟后，一辆无人驾驶的智能汽车将缓缓停在乘客面前，如图3-6所示。然后智能汽车自动进行最优路线规划，规避拥堵路段将乘客送到目的地。这样可提高汽车使用率，减少道路上的总行驶车辆，减少拥塞。

图3-6　自动网约车

（3）远程驾驶。有了远程驾驶技术，未来在救灾、道路抢修等特殊场景中，就可以使用远程驾驶来降低营救工作的危险系数，提高营救效率。另外在无人区、矿区、垃圾运送区域等危险及恶劣环境下的生产作业，可以通过远程驾驶实现无人化精准作业，还可以一个人操控多辆汽车进行工作。又如长途运输行业，司机在固定的工作地点就可以远程操控汽车，这样可以避免司机疲劳驾驶，甚至还可以交接班全天驾驶，提高运输效率。

2. 行人保护

通过车路协同技术，智能汽车除了能在视距范围内有效地避让行人之外，还能提前感知视距外或遮挡物后的行人并预判碰撞风险，主动规避安全风险。这意味着智能车辆能"看"得更远，同时还可以"感知"车辆视觉盲区，使行人更安全。

3. 交通安全、效率

（1）转向辅助及盲区路口博弈。借助车路协同技术，在智能车辆转向时，路侧传感器全方位、超视距判断路况，引导智能车辆在完全没有盲区的情况下安全驶过路口。另外，在没有信号灯控制的路口，智能车辆仍可以感知到交叉路口各方向的车辆、行人状况，预判碰撞风险，实现全路况的路权分配及自动驾驶。

（2）障碍物识别避让，智能防撞。借助车路协同及自动驾驶技术，智能汽车可自动识别障碍物并完全自主实现刹车避让，保证行驶安全。自动驾驶的核心技术是车辆间和车辆与基础设施通信。这些通信技术能够让汽车间互相"看见"对方、"感知"道路，甚至共享其他汽车的数据。例如前方300 m的车辆出现状况紧急刹车，有了车联网即使你隔着3辆车也会马上知道，因为配备两个5G模块的车辆之间不会存在碰撞的风险，从而避免连环追尾。

（3）施工区域自动通行。由于在车辆行驶过程中，无法感知到前方道路是否正在施工，往往会造成行车危险和施工人员的危险。凭借车路协同技术，路侧智能设备"感知"到道路施工情况后将信息传递至智能汽车，提示前方是施工区，让智能汽车减速通过施工区域，避免安全事故发生，保证交通安全。

（4）信号灯车内显示、绿波带车速引导。通过车辆与道路基础设施间的互联，智能汽车与信号灯可进行实时数据交互，智能汽车可直接在车内获取路口红绿灯信息，智能汽车基于信号灯数据引导自行调整车速，确保在规划路径上不受红灯阻碍，顺畅通行。

（5）公共交通优先。通过车路协同技术，未来可以在公交专用道上充分体现出公交优先原则。当车辆接近红绿灯时，车辆将给灯控系统发送信号，红灯自动变为绿灯，让公交车先行。

（6）特种车辆自动避让。对于救护车、消防车、警车来说，在执行任务的时候，时间就是生命，道路的畅通是挽救生命的关键因素。通过车路协同技术，特种车辆在通行过程中，向前方智能汽车发出避让信号，前方智能汽车接收信号后基于车路协同技术选择最优避让方式，开辟出一条"生命通道"，确保特种车辆的道路畅通。

（7）智能限速提醒。通过车路协同技术，路侧单元实时将道路限速信息推送至智能汽车，与传统道路固定限速不同，基于车路协同的限速提醒功能可实现基于实际路况弹性变更限速，如根据车流量的大小设置不同的限速，从而动态调整车流量。

（8）编队行驶。基于车路协同的自动驾驶技术及高精度地图能力，智能汽车可实现低间距的高速自动编队行驶，且编队的每辆智能汽车均可自主完成进编、解编、换道、超车、紧急制动等动作。在车辆高速行驶过程中，由于风阻因素会产生很大的能源消耗，而编队行驶功能充分利用空气动力学特性，将跟车的风阻消耗降到最低，极大地减少了能源浪费。同时，由于编队行驶保持车车通信以及队列行驶，提高了行车的安全性和乘坐体验。

三、交通新业态,出行更舒适

(一)共享汽车

1. 共享汽车概述

共享汽车,是共享经济中的一种产物,是指许多人合用一辆车,即开车人对车辆只有使用权,而没有所有权,有点类似租车行的短时间包车,如图3-7所示。它手续简便,可以通过打电话或者上网订车。共享汽车一般是通过某个公司来协调车辆,并负责车辆的保险和停放等问题。这种方式提高了汽车的利用率,不仅可以帮助用户省钱,还有助于缓解交通堵塞,以及公路的磨损,减少空气污染,发展前景极为广阔。

图3-7 共享汽车

2. 共享汽车的发展历史

"共享汽车"最早出现于20世纪40年代，由瑞士人发明，他们在全国组织了"自驾车合作社"，一个人用完车后，便将车钥匙交给下一个人，这在瑞士这样的山地国家非常实用，比在平地国家建立网络更容易。后来日本、英国等国家争相效仿，但都未形成规模，日本主要是因为汽车制造商不支持这个计划，日本人喜欢拥有一辆属于自己的私家车。而英国尽管有政府支持，但汽车租赁费用低廉阻碍了"共享汽车"的发展。随着计算机、电子钥匙和卫星定位系统的发展，如今的"共享汽车"不仅拥有技术保障，而且增加了许多新的内涵。共享汽车大概分为以下几类：

（1）互联网平台拼车型。互联网拼车最典型的代表是"滴滴出行"，其最大的特点是车辆共享、司机专用，它聚集了出租车司机及私家车司机，发展了出租车、专车、拼车以及代驾等业务形态，它是共享汽车的先锋，在资本力量的推动下，"滴滴出行"也成立了融资租赁公司，拓展汽车租赁业务，进而步入更高一级的共享汽车生态。

（2）传统汽车租赁模式。这种模式一般通过门店经营，客户通过电话联络确认需求后，携带有效证件前往。随后要进行一系列合同签订及验车等流程，客户才能提车。这种模式有完善的保障措施，由于有专门的维护和保养措施，车况较好，但整个流程较为复杂，难以满足高频、突发、短途的用车需求。

（3）"随取随用"租赁服务。随着技术的进步与消费观念的升级，现在已开始兴起"随取随用"模式的共享汽车，其主要特点是用户可以使用手机在任何时间自主完成订车、取车、开关车门、还车业务,用户租车完全实现无人化服务。消费者使用汽车分时租赁所要支付的费用整体不高于网约车,部分等同或略低于出租车价格。

3. 共享汽车的优势

(1)出行方便,使用便捷。

共享汽车显而易见的优势是使人们的日常出行更加方便了,尤其对于还没购买汽车的人来说是一种比较舒适的租车方式。当遇到车辆限行、外地出差、行李较多、打不到车等情况时,你只需拿出手机寻找共享汽车就可以轻松解决出行难题。

(2)短期使用,节省费用及时间。

不同于自己购买汽车,使用共享汽车时用户只需支付租金,而无须考虑维修保养、日常清洁、年审验车、购买车位等需要花费大量时间和金钱的问题,既节省时间又节约费用。

(3)缓解交通拥堵及公路磨损,减少空气污染和降低对传统能源的依赖性。

当人们慢慢习惯于使用共享汽车出行时,会大大减缓道路上汽车数量的增长速度,这些可直接缓解交通拥堵的情况和减少对公路的磨损,同时会促进新能源汽车的发展,减少燃油汽车尾气对空气的污染和降低对传统能源的依赖,更加符合智慧出行的要求。

4. 共享汽车的劣势

凡事都有两面性,共享汽车也不例外,以下是共享汽车目前的几点劣势。

(1)规模较小。

目前共享汽车企业较多,但规模较小,商业模式不成熟,缺乏管理，企业初期的投入等各种费用会分摊到用户租金上，导致用户体验差。

（2）共享汽车车辆少，网点少。

共享汽车在我国兴起的前期（2017—2019年）遇到不少问题，其中主要问题是车辆少、网点少导致用户体验较差，这就造成了用户在想要租车的地方找不到车。另外，众所周知共享汽车需要定点还车，网点少使得开车容易停车难。本来是想给用户带来方便的共享汽车根本就不方便，要想解决该问题需要增加共享车辆的投放以及网点的设立，以及解决其成本高、收益少、监管困难与安全隐患难以排查等问题。

5. 5G对共享汽车的改变

那么5G能为共享汽车带来哪些改变呢？

5G可以提高共享汽车的定位准确性、及时性，提供更快的网络与汽车的数据交换方式，在这个基础上AI也会发挥作用，如自动驾驶、自主充电、自动回归维修点或维护点。这样就可以节省大量的人力成本，省去人工充电、人工维护（开车去维护、开车去充电、不同停车点的汽车调配）等成本。

对用户来说，虽然共享汽车方便出行，但是如果每次取车都必须去指定的停车点，遇到雨雪、酷暑、寒冬等恶劣天气的时候就不方便了。而AI可以解决距离远的问题（有时候附近的停车场没有汽车），有了AI自动驾驶，用户可以提前预约，下楼就可以用车，提高了用车的便捷性，而且汽车可以根据用户设置提前开启空调，增加用车舒适性。

（二）车载信息娱乐服务

1. 车载信息娱乐概述

汽车车载信息娱乐系统（in-vehicle infotainment，简称IVI），又称车机，是采用车载专用中央处理器，基于车身总线系统和互联网服务而形成的车载综合信息处理系统。车载信息娱乐系统通过专门的车载处理器和操作系统对整个车载信息娱乐设备进行协调和控制，为用户提供专业的地理信息服务、多媒体娱乐服务、智能交通服务等，可极大地提升驾驶的安全性和舒适性。根据产品功能形态的差异，可以将车载信息娱乐系统分为信息系统和娱乐系统。前者主要通过导航引擎与软件、电子地图、无线广播信息、远程通信等设备为驾乘人员提供信息服务；后者主要通过CD（compact disc，小型光盘）、VCD（video compact disc，影音光盘）、收音机等音视频设备为车内驾乘人员提供娱乐服务。车载信息娱乐系统能够实现包括三维导航、实时路况、网络电视、辅助驾驶、故障检测、车辆信息、移动办公、无线通信、基于在线的娱乐功能及TSP（telematics service provider，汽车远程服务提供商）服务在内的一系列应用，极大地提升了汽车电子化、网络化和智能化水平。

2. 车载信息娱乐的发展史

经过100多年的发展，汽车已经不再是纯粹的代步工具，而是从单一功能向多功能发展。与汽车发展情况类似，车载信息娱乐系统同样从单一功能向多功能发展。

面对车载信息娱乐的快速发展，很多消费者不禁发问，车载信息娱乐系统包括哪些内容？它的发展过程是怎样的？未来它又将走向何方？面对这样的问题，我们不妨来回顾一下车载娱乐信息系统的发展历程。

（1）收音机时代。收音机作为一件影响人类发展进程的发明创造，也是车载信息娱乐设备的鼻祖。1923年美国首先出现了装配无线电收音机的轿车，人们由此进入了汽车娱乐的时代。虽然车载信息娱乐系统几经变化，但它依旧是汽车不可或缺的一部分。

（2）卡带时代。1963年是一个具有里程碑意义的时间节点，这一年荷兰的飞利浦公司发明了盒式（卡式）磁带。在盒式（卡式）录音机发明不久之后，车用盒式（卡式）收放两用机出现在轿车上，这样的情形一直延续到了20世纪80年代末。

（3）数字时代。随着技术的发展，在20世纪90年代，人类迎来了数字时代，以CD、VCD等为代表的数字娱乐设备相继面世。车载信息娱乐设备也由此迎来了大发展时期。特别是随着近年来DVD（digital video disc，高密度数字视频光盘）、GPS导航、蓝牙等多功能综合产品的出现，车载信息娱乐设备的发展也正沿着多功能、网络化、智能化的方向演进，并且整合度越来越高。

（4）inkaNet时代。汽车成为一个移动的信息平台，真正实现了与因特网的无缝衔接，将汽车由"个体的数字化"转向"群体的网络化"，真正开启了汽车信息化时代的大门。

3. 5G时代下的车载信息娱乐

5G带来的不仅是速度，还有全新的商业模式和沉浸式互动体验、视频、游戏、音乐、广告、AR/VR等产业都将发生根本性变革，内容与受众的距离将被大大缩短。最终，5G将给人们的娱乐方式增添全新且可触知的维度。随着5G时代的到来与自动驾驶技术的完善，人们不满足于当前已有的车载娱乐系统，希望强化与视觉相关的车载娱乐，尽可能地从"听"转变为"看"。那么，5G时代下车载信息娱乐将会有哪些内容呢？

（1）沟通交流。车机与乘客之间的交流，是车载娱乐的第一步，比如说，我们可以利用车载语音（谷歌的Assistant，斑马车机系统，比亚迪DiLink车载系统"小迪"等）、手势（拜腾的三维手势控制、宝马的手势控制、君马SEEK 5手势控制等）、全息、车载机器人、触摸等方式来与汽车进行一次短暂的交流，如图3-8所示。当然，这些功能在现有车上已经有所应用了，但

图3-8　人与车机交流

是现在还不能实现长时间和无缝隙地对话。除车与人的交流之外，人与人的交流也将变得更为方便。当有人和我们通话时，视频影像会在你允许的情况下，投递到车内的风窗玻璃、车窗、智能表面等位置，让我们的通话更为方便。

（2）超级影院。在漫长的旅途或者在拥堵的路口，看一部电影，听一首音乐，再加上车内合适的氛围灯，会给我们枯燥的行车生活多一份舒适。例如，奥迪的4D影院和其在概念车中的车载系统应用就可以实现将车窗变成屏幕，将车内变成一个很大的观影空间，非常具有科技感；戴姆勒设计的360°电影，将风窗玻璃变成了如交互式计算机屏幕一般，有点IMAX（image maximum，巨幕电影）的样子，让你有身临其境的体验。

（3）车载游戏与购物。玩游戏是解决枯燥的行车情境的又一种方式，在游戏过程中，我们可以充分结合车内座椅的"运动"、空调的风速、香氛的气味、氛围灯的设计等来配合游戏的氛围，从而让体验更加真实和有趣。还可以通过参数设置，使游戏变得可选和个性化。同时，我们可以通过与车载系统的语言交互，打开购物App（application，手机软件），将商品投影在车身玻璃中，这样的购物体验对我们来说是前所未有的，将会更大程度地释放我们的双手。

5G时代的出现，加速了信息的传输，给智慧出行提供了保障，让我们的交通不再是简单的起点与终点的连接，也为旅途增加了更多的乐趣。

随着通信技术的发展,手机等通信工具逐渐演化成智能终端,与此同时,新一代通信技术在车联网方面的应用,也实现了远程车辆控制、大数据预警、实时导航以及随时随地与外界交流,让我们的出行更便利也更有乐趣。如今,5G即将被广泛应用,各行各业都对它的到来充满期待。

本章重点阐述了5G在智慧出行领域的应用,借助5G,人、车、路、环境、云端得以相联,促使交通系统进入智能网联时代,从而实现人、车、路、环境的全面监控、感知及智能决策。智慧交通的时代拐点已经出现,机遇就在眼前。5G将牵引新一轮技术融合创新,全面赋能自动驾驶和智慧交通,实现自动驾驶的低时延、高可靠和高速率通信,以及人、车、路、云等协同互联。在智能网联交通时代,交通信息将从单向管控式传输转变为双向传输,实现服务模式创新,为用户提供个性化、定制化全链条服务。未来,智能交通的主线是用人工智能和边缘计算来构筑智能网联交通系统,从万物互联到万物智联。进一步开展相关技术攻关,完善其在不同复杂场景下的应用,是未来智慧交通的主要发展方向,这需要交通部门、汽车厂商、互联网企业和研究机构的通力合作。

不可否认,当下汽车产业即将结束已有100多年历史的内燃机时代,进入至电动化、智能化的新时代。技术的更新迭代也将带动整个产业链条出现极大的变化。5G时代的来临带来了科技所创造的服务升级,这是新技术引发新商业模式的必然结果。在科技不断更迭的潮流下,汽车产业也将朝着更为先进的方向发展。

第四章 5G + 交通管控,让管理更智能

高效的交通系统是智慧城市顺利运行的关键，随着未来交通的自主化和互联化，使用5G等先进的互联技术成为当务之急。5G设备不仅可以用于车辆，而且可以用于部署在道路和人行道上的传感器和计算机视觉系统。这些设备收集的数据庞大，需要进行实时处理和分析。相比于4G，5G的用户体验速率提升了10倍，用户峰值速率达到10~100 Gb/s，时延达到毫秒级，连接密度提高10倍，流量密度提升了100倍，因此5G是当前最可靠的网络连接技术。交通部门可以使用5G来实时监控道路状况，以及时发现事故或拥堵。应急响应服务部门可以利用5G得到去往事故发生地或医疗中心的最优路线，从而争取挽救生命的宝贵时间。5G可以使无人驾驶汽车、自动信号和交通管理的全自动交通系统成为可能，让智慧城市拥有更安全的交通系统。

结合目前面临的问题，针对人群迁徙、交通路网客流、货流、交通安全等需求，可利用大数据、云计算、5G等技术手段，快速构建交通相关数据分析模型，实现重点站场以及路网人流监测及预警、人群出行特征分析等，进而实现交通从宏观到微观的掌握、预测、预警等管理目标。

一、信息一张图，管理更高效

目前，交通行业积累了大量的交通运输基础设施数据，以及车流、人流、物流动态采集数据。如此庞大的数据量，若没有系统的管理，也很难将其进行有效的利用，行业未来的可持续发展也会受到一定的限制。为加快转型升级、优化职能，顺应发展趋势，应构建具有综合运输体系的信息管理平台，以提升管理效率。

通过引入5G、GIS、大数据等先进技术，可以构建智慧交通"一张图"及平台应用，实现数据统一管理、辅助规划研究、项目信息互动、路网状态展示、设施养护管理等多项应用功能。

通过交通"一张图"，可以实现：

（1）整合数据信息资源，构建交通运输现状和综合运输体系规划数据库，及时进行有效的更新和维护管理，保障数据信息的权威性、实时性和准确性，并设定相应的管理权限。

（2）基于交通相关数据，有针对性地开发相关交通应用，如交通大数据分析、交通运输状态动态展示、交通规划研究成果数字展示等。

（3）实现规划、计划、项目联动，促进项目管理工作方式由"纸质图表"转变为"动态信息地图"。

道路监控和交通控制是交通管理的重要组成部分，5G将在这两方面的应用上大放异彩。

（一）道路监控

1. 路网运行监测

城市路网运行监测主要是针对高速公路、国省道干线、城市道路的运行情况和客流的年龄、性别等情况进行监测，重点是对城市交通干线的交通流量、交通事件、拥堵路段进行实时监测，并及时通过各种渠道进行预警发布。

通过5G、大数据、AI等技术,对路网及重要路段的实时客流、通行速度、拥堵指数等指标进行实时监测,再结合城市道路的具体承载量、道路环境、气象条件、车速限定、交通管制等因素设置预警阈值,当检测结果超过预设阈值时则自动触发预警机制,实现对城市路网及重要道路的路段拥堵指数(拥堵时长、拥堵距离)以及交通事故等中断事件的快速预警,如图4-1所示。

2. 水路交通运行监测

5G的出现将加速海事监管和水路交通管理智能化。

首先,5G将方便执行限硫令措施。目前是通过登船抽检该船舶是否使用合规燃油来执行限硫令,未来有了5G技术,可以直接通过数据回传的方式检测船舶的用油以及排放情况。另外,5G可以加强对船上船员的监管,可以追踪某个船员的具体位置,可以随时掌握船员的行踪。

其次,结合内河航运数据、近海航运数据、海事部门数据、气象数据等多方数据源,利用5G网络可以实时掌控水路交通运输的运行情况,实现对重要内河及近海航行网络、重要航道路段运行状态的实时监测,及时发现水路运输的异常事件并进行响应处理,保障水路交通运输的安全,提升水路交通的运输效率。

3. 重大交通事件监测

通过重大交通事件监测,及时发现、通报并协调处理交通事件,保障人们出行的畅通和安全。重大交通事件主要数据来源为视频监控,利用5G边缘计算技术,对交通事件进行监测、记录和预警,经过核实的交通事件在地图上分类分级统计和显示,当事件达到设定的级别,即转入应急模式,并将相关信息发送至交

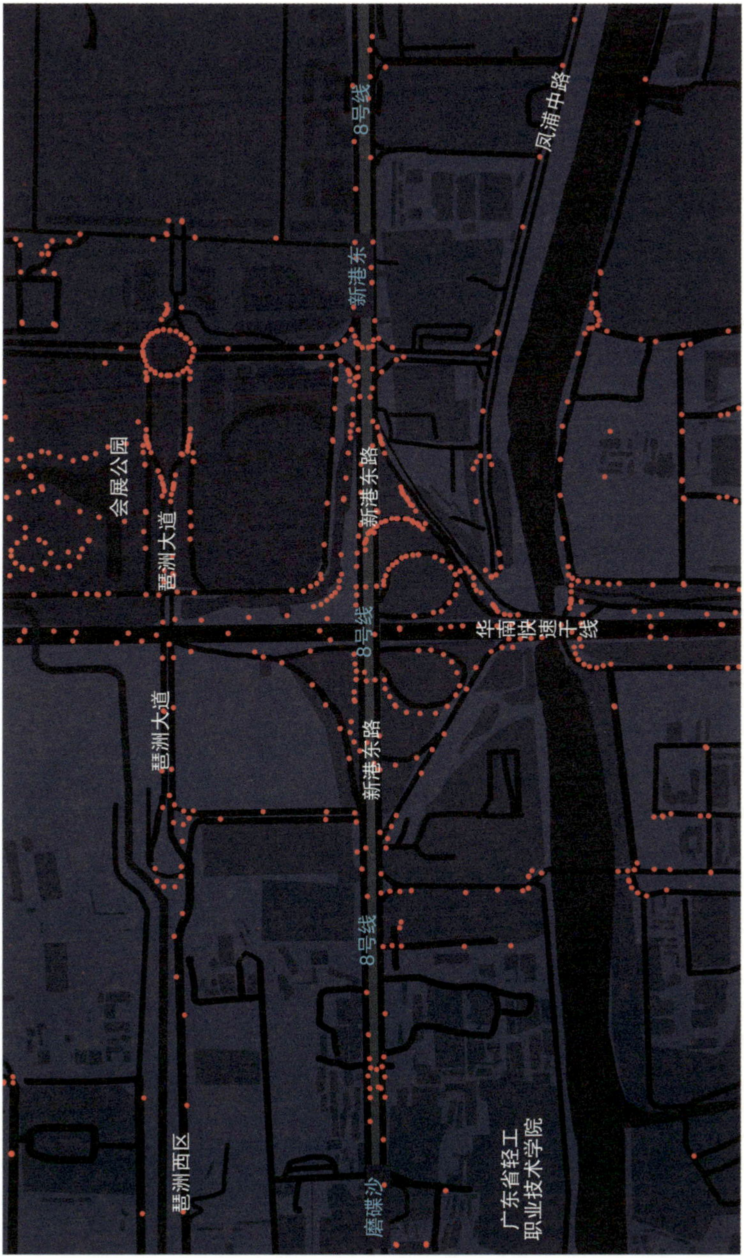
8号线
凤浦中路
新港东
会展公园
琶洲大道
新港东路
华南快速干线
8号线
琶洲大道
新港东路
8号线
琶洲西区
磨碟沙
广东省轻工
职业技术学院

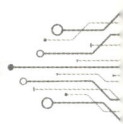

图4-1　路网运行监测

通决策部门由其进行处理和发布,如图4-2所示。

图4-2 重大交通事件监测

4. 易拥堵路段重点监测

运用5G技术,再结合交通运输企业数据、交管部门数据、外场视频数据,对交通节点、进出城卡口、综合交通枢纽等车流、人流密集区域的周边路段和易拥堵路段进行重点监测,实时监测拥堵的路段、拥堵路段的车速、拥堵的持续时间等时空特征,反映路段及区域的交通状况。再结合易拥堵路段的具体承载量、地理环境、气象条件、限流限速规定、交通管制等信息制定预警阈值,当检测结果超过预设阈值时则自动触发预警,并发布出行预警提示信息,以尽快缓解道路拥堵,恢复畅行。

（二）交通控制

1. 基于5G边缘计算的自适应红绿灯控制

智能交通信号控制可以实现对道路交通所有信号控制机的联网联控，控制中心可以监控所有道路交通信号控制机状态及实时运行信息，还可以向道路交通信号控制机发送远程指令。控制中心是信号区域协调、单点自适应等控制的核心。

（1）交通信号运行监视。交通信号控制可以实现对道路交通信号控制机的状态监测，当道路交通信号控制机发生故障或其他脱机状态时，控制中心及时发出警报。同时控制中心可以对道路交通信号控制机执行的相位、周期、绿信比等进行监控。

（2）信号远程干预。当路口发生交通拥堵或交通事故时，控制中心可以实现对道路交通信号控制机的控制方案及信号配时进行远程调控。可以远程实现道路交通信号控制机的相位锁定、驻留、相位跳变、调时、黄闪、关灯等操作。

（3）区域交通信号协调控制。汽车站、机场、商圈、医院等区域是城市的重点关注区域。这些地方一旦发生交通拥堵，如果不及时采取交通疏导，拥堵面积就会扩散，甚至持续恶化，最终导致交通瘫痪。持续检测重点区域周围拥堵事件，分析拥堵成因和拥堵程度，执行区域信号协调控制策略，通过对控制区域外围交叉口的道路交通信号机控制，可以调节进入控制区域的车辆，使其分批有序地驶进控制区域，从而避免发生交通瘫痪。

2. 5G智能车道控制

5G智能车道控制采用AI处理技术，实时采集交通数据，采集的交通数据包括流量、速度等,并进行AI分析处理,再根据各种交通控制需求进行路口车道拥堵状态监测、实时自适应控制、公交车辆优先控制、交通大数据可视化决策等。

(1)路口车道拥堵状态监测。在路口设置路口交通流量检测器,对路口的交通运行状态进行监测,检测器可输出路口的周期性的车道流量、流量占有率、流量饱和度等反映拥堵度的指标,直观显示路口的交通拥挤情况,如图4-3所示。

图4-3 路口交通流量监测

从排队长度与交通需求、排队长度与相位差之间的关系着手,采用基于排队长度的交通廊道自适应控制技术,通过视频检测器分别检测路口各车道红灯、绿灯结束时的排队长度,信号控制算法以绿灯结束时的排队长度与绿灯期间疏散的车流量来反映相位交通需求,通过交通需求来实时调整信号周期中各相位的绿灯时间,为交叉口提供与交通需求和通行能力相匹配的信号相位，实现以调整相位达到车辆清空能力最大、空放时间最少为优化目标的绿灯时间自适应优化；同时，信号控制算法以红灯结束时的排队长度与绿灯期间的饱和车流通行速度来反映排队车流疏散时间需求，通过排队车流疏散时间需求来实时优化相邻路口间的相位差，为相邻路口提供与路段速度匹配的相位差，实现以不停车、最大疏散能力为优化目标的相位差自适应优化。

（2）实时自适应控制。控制区域内道路交通信号控制机与区域控制计算机联网运行，信号配时方案由系统优化算法软件根据实际交通状况实时生成，下载给道路交通信号控制机执行。实际交通状况主要根据道路交通信息采集设备（视频检测器）获取的车道流量、占有率等基础交通数据分析所得。

（3）公交车辆优先控制。公交信号优先是城市交通发展的方向。道路交通信号控制平台可以实现用智能化手段让道路交通信号控制机感知公交车辆，深度学习公交车辆的出行需求，自动采用绿灯延长、红灯缩短、穿插相位等信号控制方式给予公交车辆优先通行，并配以路口屏幕显示公交车辆优先信息。

（4）交通大数据可视化决策。通过交通大数据可视化分析，可以设置不同的交通控制方式，道路交通信号控制机根据预先的信号配时方案，在不同的时段执行相应的控制方案，控制道路交通信号灯。

3. 指挥调度

通过大数据辅助决策，可以在消防、救护、抢险等应急车辆通行时，信号灯按预定的路线实行绿波推进，以保证应急车辆畅通无阻，还可以对违法车辆使用红灯进行拦截。

（1）应急车辆生命通道。警车、消防车、救护车等应急车辆快速通行是城市应急救援的关键，在特殊情况下根据应急车辆需求，动态规划救援保障路径及相应适当的交叉口信号配时优先，将用时最短的救援通行路径推送给应急车辆，并提前清空排队长度，这样可以实现在全局最小的通行干扰下保障应急车辆快速通行。

对于执行特勤任务的车辆，道路交通信号控制平台可以设置相应的保障路线通道，给予特勤车辆一路绿灯，同时结合视频监控，保障特勤车辆一路安全。

（2）违法车辆红灯拦截。城市中的重点管控车辆（包括多次违法车、事故逃逸车、酒驾毒驾车以及其他需要精准管控的车辆）是有关部门重点跟踪查处的对象，利用大数据辅助决策，可以根据需要对重点车辆进行精准布控，配合周围的信号灯进行红灯拦截，使被查控的车辆无处可逃，如图4-4所示。

4. 信息发布

交通信号控制系统是道路交通信号控制机的控制中枢，是城市交通信号控制中最直接、最基础的应用系统，主要是对城区道路交通信号控制机进行联网联控，充分保障道路交通运行效率。随着万物互联、人工智能、大数据时代的来临，各类"数据孤岛"被打破，道路交通信号控制也从传统的、独立的烟囱式架构走向"互联网＋交通信号控制"时代。

（1）手机终端。手机终端依托通信运营商大数据位置标签和短信群发功能实现短信精准推送，利用基站覆盖和大数据技术综合分析出指定区域的常住用户和漫游用户，建立实时动态的数

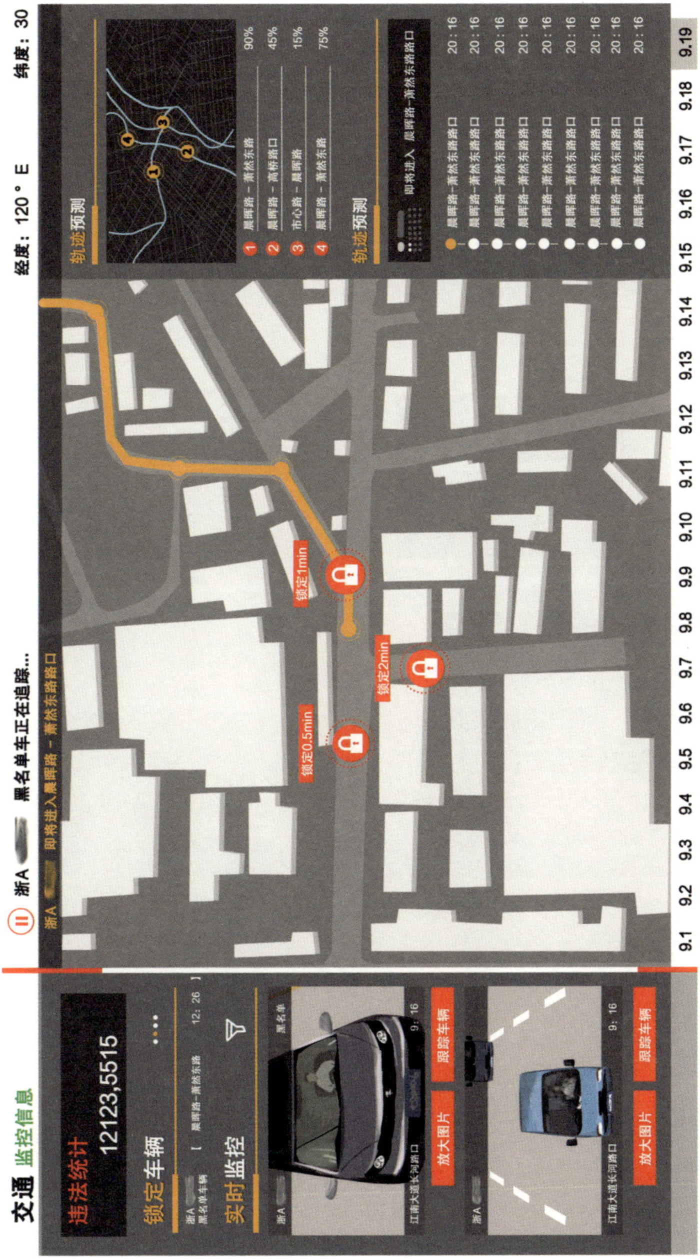

第四章 5G+交通管控，让管理更智能

图4-4 违法车辆红灯拦截

据模型，锁定发布时效内在指定区域附近停留的用户，并向其发布交通短信。

（2）路口大屏。路口大屏主要用于各个路口的道路监控与指挥，如辅助交警进行交通梳理、路口监控资源的调配、红绿灯的控制、道路救援等。让交通管理人员足不出户在控制中心就可以全面地了解整个城市的道路交通情况，并可以实时发布信息，让交通更加顺畅，如图4-5所示。

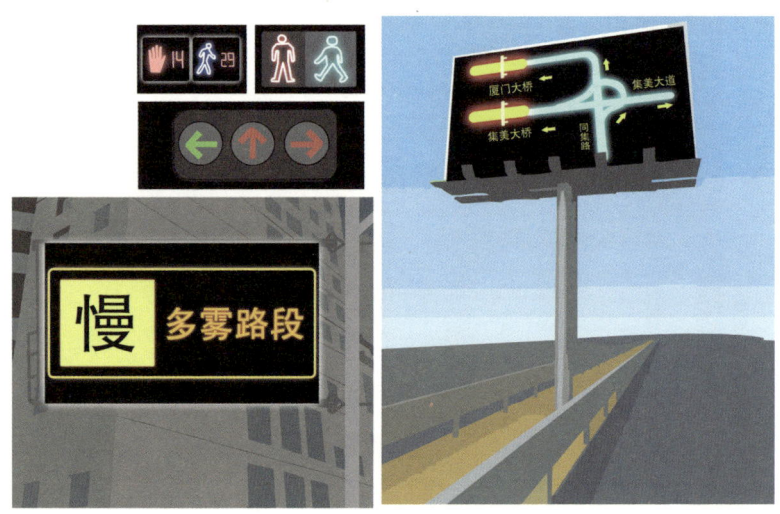

图4-5　路口大屏

第四章　5G+交通管控，让管理更智能

二、城市交通网，调配更智慧

从行路难到如今四通八达的交通，我们每时每刻都在见证着城市的快速发展。通过5G创新技术，可以根据公交、出租车、轨交（轨道交通）、站场等多样化应用场景，有针对性地推出定制化应用。

（一）智慧公交

1. 公交线路优化

基于通信运营商的手机用户位置数据，分析公交乘客在一天中出行的数据，包括OD（起止点）分析、出行路径分析、出行距离分析以及换乘站点分析等，如图4-6所示。

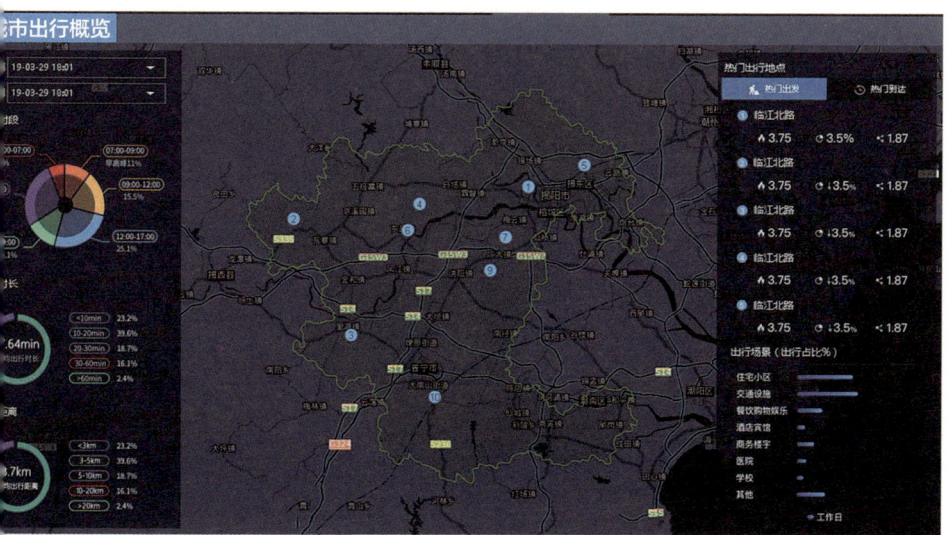

图4-6　城市出行概览

根据以上分析,智慧公交可做出路线优化。例如,根据每条公交线路乘客的数量及出行时间分布,可分析得到每条公交线路的运营效率,针对运营效率低的公交线路进行原因分析并提出优化建议;针对乘客量在峰值时段排名靠前的公交线路,可以考虑增加公交班次;结合潜在公交出行用户以及现有公交出行人群的情况,以及站点和线路服务范围、道路级别、路线总距离等因素,进行公交路线的优化。

2. 公交站点规划

在规划路线的基础上,再考虑人群的居住、工作、休闲等聚集区,以及公交站点间的距离,合理进行公交站点的规划。

现有公交站点通行压力分析。按时间分布,分析各公交站点的乘客数量情况,研究公交站点的瞬时通行压力。对于通行压力大的站点,可以考虑通过增开公交班次或将其他邻近的线路调整至该站点的方式进行优化,以缓解站点通行压力。

大型居住区周边交通分析。针对各大型居住区的周边交通人流进行分析,并分析公交乘客在这些周边区域出现的位置集中情况以及周边现有公交站点的位置分布情况,再分析这些乘客的公交搭乘需求的迫切性,并合理调整附近公交站点的位置或者新增公交站点,以解决大型居住区及周边居民的公交乘客出行不便的问题。

此外,对大型办公场所、大型活动场所、大型购物中心等重要区域的周边交通情况进行分析,研究这些重要场所的公交乘客的站点需求,适当优化旧站点或新增站点,以满足公交乘客的出行需求。

（二）智慧轨交

1. 预测未来客流

我们知道信号的频率越高，其绕射能力越差，损耗也越大；同样，距离越远，损耗也越大。相对于4G，5G的使用频段要高于4G，在不考虑其他因素的条件下，其基站的覆盖范围自然要比4G基站的覆盖范围小，要获得同样的覆盖效果，5G的基站密度将会远远高于4G，那么基于基站定位的精确度将会大大提高。

基于5G基站定位，我们可以更准确地实时监测轨交的客流信息和核心换乘站的客流数据，并结合历史数据进行分析预测，可准确预测未来一段时间的客流情况，让决策人员可以更有针对性地制订工作计划及更有效地组织运营，必要时提前启动客流应急管理预案，比如提前通知乘客更换乘车路线。

2. AR眼镜处理突发事件

AR眼镜技术整体仍处在起步阶段，在4G时代，因为传输速率还不足以很好地解决信号延迟问题，人们在佩戴AR眼镜之后会出现恶心和眩晕等症状。5G落地后，其高速率、低时延的特性能够给视频传输带来流畅不卡顿的体验。

在5G时代，地铁管理人员，将佩戴先进的"高科技"装备，如利用定位手环，站务员可实时同步到位布岗情况；利用移动终端，站务员可与指挥室进行可视对讲；通过部署更多的移动摄像头，可有效弥补既有视频监控的盲区；通过AR眼镜，指挥人员可通过第一视角指导站务人员处理突发情况。另外还可以基于AR技术远程排除故障,实现高效运维。

3. 5G转Wi-Fi高速上网

将5G网络转换为Wi-Fi热点,打破了5G网络使用的设备壁垒。乘客无须更换手机,就可在轨交上体验5G网络的高速流畅,扫码进出车站就更快捷了。

(三)智慧站场

5G的远程视频实时回传、高精度定位等能力将为智慧站场的建设提供有力支撑。未来智慧站场将会逐步增加高清视频监控、人脸识别、人流预警、突发事件监控、导航机器人等场景,从而加强站场的智能化和安全性。

1. 智慧停车管理

当前,各大城市在发展中遇到的首要难题就是停车难。溯本求源,停车难这一问题的出现主要有四大原因:①停车位缺口大;②停车位使用率低;③停车入位难;④停车场管理弱。如何有效提高停车位使用率,增设停车入位引导,加强停车场智能化管理,实现"停车自由",是城市管理中亟待解决的关键问题。

采用5G网络边云协同整体系统方案,构建"端—边缘—云"分级架构,通过实现边缘和云端的资源、数据、业务协同,快速提高业务流转处理效率,有效缓解云端数据处理负荷,极大地降低数据的传输时延。停车场5G云控中心作为5G网络边云协同整体系统的组成部分,可灵活完成场内独立调度、场间信息协同、场外辅助引导等一系列操作。

结合5G信号、视觉等多源异构定位感知信息源,通过5G通信进行融合并最终生成车辆的精确位置。借助融合定位技术可精准确定待泊车辆、停车场内其他车辆和行人的实时位置，提供行车安全提示，避免场内发生拥堵、碰撞。

5G云控中心根据车位分配结果，结合场内多源感知设备获取车流交通情况，采集车辆的固态信息、行进信息及场内实时路况信息，将这些信息上传至5G云控中心进行融合分析，再为车辆提供行驶路径建议，随后云控中心生成实时导航，将信息推送至手机终端或者停车场显示屏上，引导车辆行驶至车位附近。

另外，通过无间隙覆盖的5G等无线网络采集各级停车场的停车数据，实时统一汇总至综合管理中心，经数据库处理后，形成有效、及时和全面的参考指导决策数据，为经营单位、司机等提供停车远程监管、数据统计分析和显示、决策支持分析等信息；同时可面向公众提供多渠道的公交信息服务，即公众可通过智能手机等查询公交运营状态，以便规划自己的出行。

2. 智慧出行

对已购买出行车票的旅客，旅游大数据平台提前1小时或半天，推送出行信息至游客手机。

在站场入口，增加5G人脸识别设备，用于识别来往人员的身份，获取视频监控中出现的所有人员的身份信息，以对已购票出行乘客进行计数分析。

提供乘客信息的综合查询统计功能，包括乘客基本信息的查询统计，乘客进出站场记录信息的查询统计等，除查询统计之外，还能提供重点乘客识别等分析。

在车辆检票口设置智能检票设备，支持身份证、二维码等方式的智能自动化检票,实现快速便捷的检票通行。

另外,还可对客流进行大数据分析,比如实现站场区域内客流的当前人群总数、人群来源、人群驻留时长等数据的统计分析。实现对旅客的性别、年龄、职业、行业的全面画像分析,为旅客到达目的地后提供相关服务的引导,如图4-7所示。

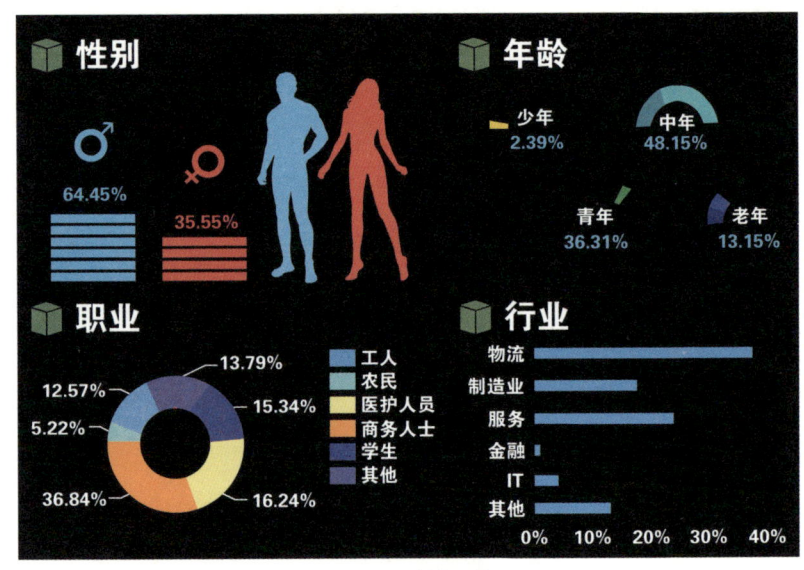

图4-7 客流画像

3. 站场安防

站场安防系统具有人员身份识别功能,当检测到陌生人或布控名单人员时,自动发出预警信息提醒相关门岗值勤人员,同时记录该人员的现场照片动向信息,便于后继的跟踪与记录查询。

系统还具有信息综合统计功能,包括人员基本信息的查询统计,陌生人预警记录的查询统计,人员出入园区记录信息的查询统计等,可有效提高安全防范及管理水平。

系统还能根据部署在各个位置的摄像头抓拍人像情况，进行人像检索，关联部署位置信息后，可形成该人员在区域内各个时间的活动轨迹信息，这可用于辅助人员找寻、陌生人报警定位等工作。

在站场周边安装红外线摄像头，当有外来物或人出现时自动感应启动摄像头实时拍摄记录与预警，周界电子屏幕显示出具体报警位置，值班人员随即通知流动保安出动进行处理，可有效地防止非法入侵。

4. 站场人脸识别

目前客运大多已实现身份证实名购票，但"人证票"一致性检验依靠检票员人工核对，存在耗时长、效率低、易出错等问题。为保证乘客的安全，防止和杜绝非购票者本人乘车的现象，需进一步引入人脸识别AI技术，提高客运站场智能化管理水平，确保"人证票"一致。

人脸识别技术可应用在多个环节，包括客运站的售票环节、取票环节和刷脸检票环节等。

在客运站售票环节，售票人员在确认乘客乘坐时间、汽车班次信息后，触发实名认证流程，再由乘客自助将身份证置于人证比对一体机上进行实名认证，待刷脸实名认证成功后，返回认证结果给售票人员，再进入出票流程。乘客还可自行在一体机上根据需求选择汽车班次，选定成功后系统直接跳转刷脸实名认证环节，待认证成功后则将认证结果传递给出票端，出票端可以通过打印机打印车票，也可以直接根据指令下发二维码或链接短信至乘客的手机。

在客运站取票环节,若乘客是在线上渠道(如App或网页)购买的车票,或是通过他人代购方式购买的车票,需前往取票处以身份证或无证方式完成人证比对,待认证成功后系统传送成功购票结果给打印机,由打印机打印车票。

在刷脸检票环节,按车次分批推送身份证信息至前端对应检票口门禁处,并设定特定时间为允许检票时间(如汽车启动前20 min)。检票环节需要乘客出示个人身份证,通过门禁NFC(near field communication,近距离无线通信技术)身份证识别模块进行联网比对。当乘客在规定的门禁和规定的时间通行时,门禁屏幕显示"已购票",并同步刷脸进行人证比对。"人票证"一致性比对通过,则闸机放行,如图4-8所示。

图4-8 门禁人脸识别

三、长途客货运,连接更顺畅

经过多年来通信运营商持续的建设与优化调整,大部分的人类活动空间基本上都有移动信号覆盖,信号盲区很少。将手机用户时间序列的移动信号数据映射至现实的地理位置,即可完整、客观地还原手机用户的空间活动轨迹,从而可挖掘出人口空间分布与活动特征信息。

大数据具有用户量大、场景覆盖广等特点,能充分满足智慧交通分析中位置精准定位、用户深度画像、数据实时传输等的要求,为智慧交通的丰富应用开发奠定数据基础。

移动互联网数据再结合交通数据,能使人、车、路充分融合连接,使大数据真实反映交通状况,使城市交通更加智慧。

(一)智慧港口

港口作为现代交通运输的枢纽,在国际贸易中起着举足轻重的作用。根据相关数据统计,全球贸易中约90%的贸易由海运业承载。港口作业以效率为王,传统港口高度依赖人力近端操作集装箱起重机械,工作环境恶劣、工人劳动强度大、人力短缺,已无法满足全球海运快速发展的需求,港口自动化、智能化建设已成为全球港口共同的诉求。

智能化已经成为港口建设的重要目标,港机远程操控、港车无人驾驶、港口视频监控+AI管理等将成为智能化港口的重要内容,这些功能都需要巨大的网络带宽支撑。基于原有的港口网络线路改造耗资巨大，而5G高速率、广连接的特性则可解决智慧港口建设中原有网络线路带宽不足的问题。

1. 港机远程操控

随着5G的迅速发展，其凭借高速率、低时延、高可靠等技术优势，将为港口工程机械提供全新的通信方案，为港口智能化建设注入新动力。多年的实践经验表明，提升集装箱转运效率是港口的核心诉求，轮胎起重机的远程控制是优先场景。利用5G的高速率能力可实现轮胎起重机高清视频实时回传，同时5G的低时延能力可实现远程实时操控。集装箱操作员在中控室即可完成精准移动、集装箱抓举等操作，且可操控多台轮胎起重机，在改善工作环境的同时，大幅提升作业效率。

2. 港车无人驾驶

5G还能为港车的无人驾驶等多种应用提供便捷、低成本的无线网络连接，结合边缘计算+AI能力，帮助港口设备同步协调生产，提升港口作业的效率和智能化运作水平。

3. 港口视频监控+AI

构建基于5G+MEC的"智慧港口"，实现既关注整体又兼顾局部的大范围立体监控模式，构建AR实景指挥平台，通过AR全景摄像机远程获取港区的实时全景视频，方便生产调度人员对作业线进行实时指挥，调整作业方式等，AR实景指挥已成为港区作业指挥的一种先进手段。

安装于港口岸桥驾驶室内的高清监控摄像头，将采集到的驾驶室实时视频通过5G快速回传到MEC服务器中，通过实时视频，对司机的面部表情、驾驶状态进行智能分析。一旦发现司机有疲劳、打瞌睡等异常现象，MEC服务器就会立即发出预警信息。5G解决了在4K超高清视频监控场景下带宽不足和时延长的问题，提供了更清晰视频图像，且提高了智能分析效率和实时响应速度，从而降低了港口生产事故率，保证港口作业安全和驾驶员生命安全。

利用5G+MEC边缘云计算技术后，借助5G高带宽的特性，未来港区可在现有的AR服务器上导入流动机械、转运车辆、人员等携带的移动设备拍摄的实时高清图像，实现生产指挥的进一步精细化，同时5G+MEC边缘云计算的技术方案将为实现自动驾驶、远程操控、主动预警、智能安防等奠定基础，有助于全面提升港区自动化、智能化水平。

（二）智慧机场

智慧机场服务系统综合运用"5G+AI"的最新科技，重新定义航空服务智能化、场景化、便捷化的新标准，为旅客带来前所未有的智慧出行新体验。

系统立足于航空出行全流程，围绕"一张脸走遍机场""一张网智能体验""一颗芯行李管控"三个维度构筑立体化的智慧出行服务，开启航空智慧出行的无限可能。

1. 一张脸走遍机场

在民航领域应用5G、AR眼镜等新技术，可推出刷脸值机、机舱口人脸识别等系统，实现从购票到机舱口全程刷脸。旅客只需要通过人脸识别，就可以完成购票、值机、托运、安检、登机等各个出行流程，机舱口人脸识别系统可以进行旅客复验、清点、确认、座位引导等环节的工作,有效提高服务精准度,让旅客感受智慧出行的轻松便捷。

2. 一张网智能体验

采用宏基站、微基站、数字化室分多种手段的综合覆盖方案,实现机场航站楼、指廊区、飞行区、航空公司基地等区域的全方位网络覆盖。

随着5G业务的不断发展,以及更多5G创新应用的落地部署,可以利用App为旅客智能推送覆盖旅客的行前、行中、行后、航班变动等各个场景的全流程服务信息,帮助旅客实现出行无忧。另外,超高清多路视频回传等创新应用,可为旅客提供可视化、场景化、沉浸式、互动式的出行体验,让旅客感受到5G时代航空服务的魅力。

3. 一颗芯行李管控

5G行李跟踪解决方案,让行李运输全程可视化,旅客可以随时查询托运行李的状态。届时,旅客通过App申请永久电子行李牌,该电子牌采用"无源"设计,内嵌RFID(radio frequency identification,射频识别)芯片,可准确追踪行李位置,让行李全程"有迹可循"。旅客通过App完成自助值机后,选择行李托运,将电子行李牌贴近手机进行数据感应,几秒钟就能完成航班号、行李目的地等信息录入。随后,旅客前往柜台激活即可完成行李交付,真正实现全程"无纸化"。相比传统柜台办理,"无源"电子行李牌让出行变得更智慧、更便捷。地服工作人员也可以实时快速查询旅客行李,提升行李处理效率。

（三）智慧车站

智慧车站利用新型室分基站＋大数据平台，可实现室内外定位、人流轨迹、票务数据、实时监控等功能，可为客流分析、应急管理、候车大厅商业价值分析、广告精准投放等提供有价值的参考。

进入5G时代，将传统车站升级改造为智慧车站已是大势所趋。随着5G的发展，智慧车站的建设将会有更多的应用，如图4-9所示。

智慧车站建成后，将实现高速网络覆盖，站内视频摄像头的布控由固定点安装改为移动摄像头，车站巡查人员可随时传输高清视频至服务器，使车站移动布防成为可能。车站内餐饮店的送餐机器人可通过5G网络精准定位，为旅客精准送餐。在车站部署具有当地特色的VR头显（虚拟现实头戴式显示设备）。没有时间去当地景点的人士，可以利用车站摆放的VR头显尽览美景，给疲惫的旅途增加些许乐趣。

智慧车站的建设还在摸索中前进，5G网络的覆盖会给其更加广阔的应用空间。智能车站将从铁路建设、铁路运营到铁路服务的各方面向大众展现铁路科技智慧，开启铁路的智能时代。从无线Wi-Fi到人脸识别"刷脸"进站，从智能机器人导航到"聪明厕所"，越来越智能化的铁路，让乘客出行更顺畅，生活更美好。这也是科技改变社会的具体体现之一，而5G赋能智慧车站，将切实改变人们的生活。

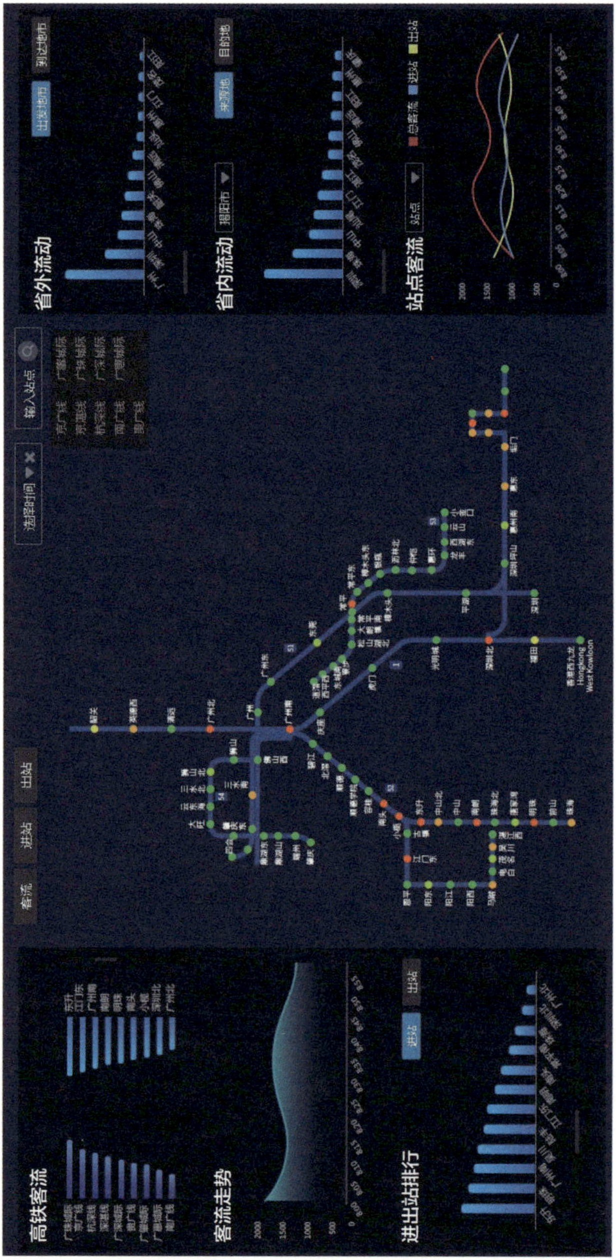

图4-9 轨道监测

（四）"两客一危"营运车辆监管

近年来，"两客一危"（从事旅游的包车，三类以上班线客车及危险品运输车）营运车辆的数量激增。"两客一危"营运车辆交通安全事故在道路交通事故总数中占有相当比例，尤其是群死群伤、经济损失巨大、影响恶劣的重特大交通事故，大都涉及"两客一危"营运车辆。因此，道路运输安全管理的成效有待提高。目前，我国道路运输安全管理手段单一，过多依赖人工进行。在这种方式下，"两客一危"营运车辆上路运行后的行为没有受到监督，或是没有受到连续监督，致使超员、超载、疲劳驾驶、超速以及危险货物不按预定线路行驶等严重违章营运行为存在。这种静态的监督手段，与飞速发展的道路交通极不适应。为此，如何利用现代信息手段来加强对"两客一危"营运车辆运行过程中的动态监管，显得尤为关键。

基于5G传输和位置监测技术，可以获得车辆运行状态的实时数据（位置、速度和方向等），采用无线通信网络将数据传输到控制中心，同时，控制中心也可以将检测到的误操作或安全隐患等警报或预警信息及时回传给驾驶员，通过网络将实时信息在各实体间的交互反馈，从而有效地防止"两客一危"营运车辆的安全事故。

在"两客一危"营运车辆终端安装5G收发器以实现车辆的定位等功能，安装通信模块以实现"两客一危"营运车辆与监控中心之间的语音、视频和数据的交互，同时安装各类传感器和控制器以实现"两客一危"营运车辆状态的信号采集和报警等功能。在监控中心完成对车辆的实时监控,音频、视频调度,安全分析和管理等工作,发布实时信息和事故应急报警等。在"两客一危"营运车辆发生事故、危险或其他紧急状况时,监控中心可以及时获取现场状态并根据实际危险等级及时通知相关部门,应急救援中心等部门可及时对"两客一危"营运车辆的紧急事件进行处理。从而可以实现:①实时跟踪或间续跟踪等多种方式监控"两客一危"营运车辆本身、驾驶员及道路环境等状态;②可以实现多车辆、分区域、跨区域监控;③可以实现监控中心与车载终端设备及相关人员的语音、数据和图像等信息交互;④可以实现监控中心对车辆调度指挥、安全分析与管理、事故预测预警等功能。

(五)智慧物流

与国外物流行业发展水平相比,我国的物流行业目前仍然处于发展阶段。经过国家对交通、通信等基础设施的不断完善,基础物流设施已经不再是制约行业发展的瓶颈。在物流企业中,运输和保管是物流企业成本占比较高的两项,这两项也恰好是我国物流企业与国外同行的主要差距点,5G为我国物流企业弥补短板提供了新思路、新途径。

1. 仓储智能化

5G到来后,物联网的发展将会给智能仓储带来新的变化。仓储企业不仅可以实现全自动化仓储,还可对货物的出、入进行合理的控制。

全自动化仓储将为企业解决大量的人工成本,同时也会使企业的仓储运维效率大幅提高。通过立体化的全自动仓储系统，仓储企业可以将光、机、电、信息等融为一体进行管控，可实现对物料传输、识别、分拣、堆码、仓储、检索和发售进行一体化管理。

除了实现全自动化仓储之外，企业还可通过大数据掌握货物的储备情况。当然，还可以通过数据分析来推断出各地区的货物需求分布情况，实现货物有"目的地"的流动。

以某物流企业为例，首先，通过对用户的购物习惯和购买力进行分析，大数据预测得知某区域用户购买力强的商品，然后通过物流体系将实物发送到指定的前置仓库。当客户下单后，前置仓库的自动化仓储系统将开始分拣和出库，待快递人员到达仓库时，货物已经在出库口等待出库。大幅提升了仓储的办公效率，同时，也大幅降低了仓储的冗余和损耗。

2. 配送智能化

除了仓储之外，运输成本在物流成本中所占的比例非常大，运输成本的有效控制对物流总成本的降低具有举足轻重的意义，其中配送是整个运输流程中的关键一环。而在运输配送中，打通"最后一千米"是每个物流企业的难点和痛点。

随着5G时代的到来，无人机、无人车，将会给物流的"最后一千米"带来巨大的便捷，如图4-10所示。无人机配送服务和无人快递车，让物流的末端真正实现成本的有效降低。另外，除了可以降低人工成本外，智慧运输还可以优化车辆调度和运输线路，提高按时送货率。

图4-10 无人机配送

除了无人驾驶,对车辆实时监控,也至关重要。5G的到来,将全面提高车辆的通信能力,使物流企业可在车联网的基础上实现对车辆的追溯和管理。

四、安全无小事，应急与预防

（一）交通事故管理

道路交通事故是一个重大的公共安全问题，是全球第八大死因。中国道路交通事故总量、万车死亡率、事故死伤比都高于发达国家，交通事故除了给个人、家庭和社会带来巨大的损失外，还给国家或地区经济带来沉重的负担，已成为危害我国群众生命和财产安全，影响社会和谐与稳定的重要因素之一。为降低交通事故造成的人员伤亡以及经济损失，提高道路交通管理效率，交通事故信息化管理是必然趋势。随着信息技术的发展革新，利用日积月累的大量数据，运用科学分析方法对事故原因进行准确分析，可以预测事故发生概率，进而指导政策的制定，如对事故多发路段的整治等。这些分析方法的使用能够得到交通事故的准确成因，投入小而收效大，进而有针对性地制定对策来降低交通事故发生率。

交通事故的预防，可利用大数据技术研发交通事故预警系统，基于采集到的海量数据还可以建立宏观、中观、微观层面的预警机制，利用不同的分析方法进行分析和快速的判别。对于黑点路段，只要可以查询到，就可以按照空间、时间进行关联分析，从而辅助交警快速开展多层次的宏观安全研判。例如事故违法叠加分析，可将事故、违法数据叠加展示在地图上，挖掘事故与执法的空间分布特征，对于事故违法频率较高路段，应该指导一线民警加强执法等。

还可以通过大数据来创新执法手段:一是关于违法鸣笛查处,采用传声器阵列技术实现声源定位的声响电子眼可以在密集的车辆中精确识别出鸣笛车辆;二是不礼让行人、转弯不让直行,可采用电子警察视频加照片的形式,分析其轨迹,识别出违法车辆进而实行查处。

对于行人闯红灯,可以采用人脸识别和生物识别技术,进行识别并处罚,如图4-11所示。

图4-11　人脸识别抓拍行人闯红灯

另外，针对俗称"碰瓷"的欺诈型交通事故，可以统计身份证号码和车辆号牌，分析在事故区域出现的频率，如果是连续性出现，则可以进一步进行相关刑侦分析。

（二）安全应急

在经济飞速发展的今天，交通已经成为现代人生活中不可或缺的一部分。说到城市交通的通病，很多人应该深有体会。上下班高峰期，因为修路、交通管制、信号灯故障等客观因素，以及车辆碰撞、伤人伤物等交通事故造成的交通拥堵，往往都让人苦不堪言。

交通应急是城市应急指挥体系的重要组成部分，交通拥堵、交通事故频发、交通污染等问题对城市运行和居民生活都造成了严重的影响。城市交通的应急管理迫切需要一个实时、准确、高效的可视化监测机制，能够随时获取交通运行态势，如哪里发生了交通事故？哪里交通拥挤？哪个路段最为畅通？……帮助交通管理部门提升应急指挥决策能力。

随着5G时代的到来，交通安全应急将迎来新一轮的创新和升级。众所周知，5G的优势主要包括更快的传输速率，更短的时延，更大的连接数量。对于交通应急来说，5G可以更快地传输各种传感器及摄像头采集到的数据，这些数据都是决策分析的重要基础。

基于5G，大数据和AI搭建的信息平台，是如何为交通领域的应急指挥提供智慧决策支持的呢？

针对可能影响交通正常运行的自然灾害、事故灾难、公共卫生事件、社会安全事件、重大活动等突发事件,以及交通高峰时段、交通冲突多发点段,提供预警告警支持。针对大型活动、特勤任务、恶劣天气、重点区域日常拥堵等情况,建立相关的应急预案,并将预案的相关要素及指挥过程通过平台进行多种方式的可视化呈现与部署,提高交通指挥人员、执勤人员对预案的熟悉程度,增强其处置突发事件的能力和水平。与此同时,还要通过平台整合交通安全监管和应急保障所需的相关资源,实现应急指挥相关资源的信息化管理,便于应急状态下指挥人员对相关人员、物资、技术、装备的指挥调用,统一协调各联动单位开展突发事件的事先防范和处置工作。

在应急状态下,应急人员能够通过信息平台快速查询应急事件的相关信息,方便指挥人员对处警位置和周边情况做出判定和分析,进行作战部署、资源调配、命令下达等工作,强化指挥中心扁平化指挥调度能力,提升指挥中心处置突发事件的能力。为了给交通管理部门进行应急事件的预警研判、常规研判、专题研判提供有力数据支撑,则要对历史重大交通事件处理数据进行分析、汇总、整合,保证数据信息的科学性与可靠性,从而为交通专项重点治理工作提供决策支持。

交通行业是一个大型的复杂系统,在事故灾难、自然灾害、公共卫生和社会安全等突发事件方面承担着巨大的压力,通过大数据可视化监测机制,可以协助管理者做到事前预警、事中指挥调度、事后分析研判,提高交通管理部门应急指挥调度效率。

（三）交通仿真

城市交通大数据体系正在进行全面重构，大数据的融合分析为多维度的智慧交通分析提供了可能。随着5G时代的到来，交通大数据将会有两个特点：一是海量，大量数据带来了机遇也带来了挑战，如何对海量数据进行分析，需要交通行业的支持和交通专业的积累；二是碎片化，如何把传统数据和新数据、历史数据和实时数据等碎片化数据融合起来，这才是对交通大数据最大的挑战。

通过建立数据采集、融合、计算、应用和反馈的闭环系统，以动态OD（交通出行量）估计为核心技术，实时模拟并评估各种交通预案对道路交通流的影响，实现各种预设复杂交通条件下的方案预演，并快速而有效地选择最优交通改善或交通管理方案。这不仅面向城市交通管控，还面向未来自动驾驶、未来MaaS（mobility as a service，出行即服务）发展。

1. 站场客流疏导监测

采用5G和边缘计算技术，结合站场视频数据，监测交通站场客流量及变化趋势，再根据客流承载量设置舒适、适中、拥挤3种不同承载状态，当处于拥挤状态时设置预警提示，启动应急预案。并可调用现场监控视频查看现场图像，根据需求增加安保人员配置以维护现场秩序并进行人工疏导，或调动出租车对客流进行疏散，同时对区域内人群精准发送疏导及安抚信息，劝导人群适时停留以缓解客流拥挤。

2. 客流预测与保障部署

（1）站场客流预测与保障。结合交通站场不同日期的历史客流数据，预测重大节假日站场客流的规模及各时点客流的聚集情况，为站场管理方提前制订假期保障方案提供参考，做好安保人员、出入闸口等资源部署。根据出入站客流预测，部署不同时点的站场闸口开放个数以及发车数量和发车频率。

（2）水运交通客流预测与保障。根据航段航道条件，锚地位置、数量和锚的总量，在航船舶，闸室，水位等情况建立模型，引入相关调度或船舶组织规则，结合该水运枢纽的历史数据，仿真再现水运交通流，从而预测水运交通客流情况，实现流量预警与控制，避免出现通行瓶颈或严重堵塞，提升水运枢纽区域通过能力和管理水平。

（3）机场客流预测与保障。模拟机场周边进入机场航站楼的私家车、出租车、货车以及大巴车的交通流，通过仿真获得机场周边交通道路路网交通流量信息以及进入机场停车场的车流信息；也能对场内的客流进行仿真，结合历史数据，预测未来或某一时段内的客流分布情况，从而提前做好人员及资源的配置，保障机场有序运作。

（4）城市轨道交通车站客流仿真。根据轨道交通常态下的客流流线行为和异常情况下的客流应急疏散设计，结合轨道交通流的时空特征和自身乘客个体出行特征，构建车站客流仿真模型。通过对车站客流的仿真分析，可以对轨道交通的区间客流量和各车站的客流量做出估计和拥堵预测，为车站的客运组织和客流控制与诱导提供决策参考。

（5）应急疏散仿真。建立客流应急疏散仿真模型，实现不同应急疏散策略条件下的车站客流疏散仿真模拟，形象直观地表现不同方式的疏散效果，有助于制订一套行之有效的应急疏散预案，以减少突发状况造成的运营损失。

5G、大数据、云服务、人工智能等构成了新一代智慧交通系统的技术基石，传统交通体系正在发生变革。随着5G与人工智能逐渐融入智慧交通系统，交通系统的安全性、可靠性、运行效率不断提高。借助新一代通信网络与数据处理能力，整个智慧交通系统的运行效率不断提升，能量损耗持续下降，整个运输过程变得更安全、更便捷。

智慧交通在5G时代，主要的发展趋势表现为以下几种形式：

（1）主动模式的交通应急联动和安全保障。

依托交通信息采集系统，研发建设智慧行车信息服务平台App，利用该平台将实时车流量、车流平均速度、拥堵状况、目的地停车场资源等信息发送至用户手机终端与车载互联系统终端，用户可根据需要，选择利用5G超快的数据传输速率，查看实时监控图像，在车内即可掌握一手信息。

（2）以移动互联为基础的综合性交通智能服务体系。

结合车辆识别、货车计重、路径识别、移动支付等技术手段，建设基于物联网的电子不停车收费系统（ETC），实现自由流收费方式。打造基于车联网的车路协同服务系统，通过5G移动运营商提供的特定基站，为道路使用者提供交通信息，保障公众安全出行。

（3）交通运行状态中的精准感知与智能化调控系统。

利用车辆识别、地磁感应、高清监视、气象监测等实现多源数据采集，依托视频分析技术，对拥堵、违停、雨雾湿滑、火灾事故等道路异常交通事件进行动态监控，对交通状况实施预警，引导车辆提前变道或择路绕行。这些信息还将发送给当地出租车指挥系统，使得出租车的出车运行效率更加高效。

（4）智能化载运工具与人车路间协同控制。

通过车辆识别设备、车载定位系统、车辆超温检测系统，实时监测车辆运行状态，对客运、货运车辆驾驶员定时发布禁止疲劳驾驶、强制车辆降温提醒。搭载有各类传感器的智能汽车在日常行驶时可以顺便扫描路边的停车位并将数据传送到云端，然后由云端分发给所有汽车，从而帮助解决停车难题。搭载智能摄像头的车辆在日常行驶中采集车道线、道路指示牌等关键信息来生成高精度地图。有了这套地图，无人驾驶汽车能够实时获得外部的路况信息或是根据后台传输过来的高精度地图实现自定位，从而加快无人驾驶汽车量产落地的进程。

参 考 文 献

AI交通,（2018-11-02）［2020-04-20］. 智慧交通管理顶层设计［EB/OL］. https://www.sohu.com/a/272714219_468661.

鲍诚, 2017. 利用MIMO技术实现多车道的ETC系统［J］. 福建电脑,（9）: 155, 161-162.

陈言, 陈昊, 2014. 智能交通的日本启示［N］. 中国经济导报, 05-13（A04）.

陈才君, 柳展, 钱小鸿, 等, 2015. 智慧交通［M］. 北京: 清华大学出版社.

陈明, 缪庆育, 刘憎, 2017. 5G移动无线通信技术［M］. 北京: 人民邮电出版社.

蔡文海, 2018. 智慧交通实践［M］. 北京: 人民邮电出版社.

车市红点,（2018-12-24）［2020-04-20］. 5G马上来了, 没想到居然和汽车有这么多联系！［EB/OL］. https://www.sohu.com/a/284117168_115542.

陈佳能, 李丹, 2019. 共享汽车行业未来发展分析［J］. 合作经济与科技,（24）: 34-35.

陈后润,（2018-11-6）［2020-04-20］. 2020年全球重点国家智能交通行业发展规划汇总［EB/OL］. https://www.qianzhan.com/analyst/detail/220/181105-b6fa5522.html.

定焦科技,（2019-10-25）［2020-04-20］. 看懂新科技, 刷车支付、3D行为分析等如何赋能智慧交通［EB/OL］.

https://www.sohu.com/a/349460953_354564.

方寸科技,（2019-12-16）[2020-04-20]."无感支付"是什么？千万别被误导了[EB/OL]. https://m.sohu.com/a/233603553_100151036.

国务院,（2017-03-01）[2020-04-20]. 国务院关于印发"十三五"现代综合交通运输体系发展规划的通知[R/OL]. http://xxgk.mot.gov.cn/jigou/zhghs/201703/t20170301_2976485.html.

国际汽车租赁,（2019-6-13）[2020-04-20]. 5G时代汽车行业已经开赛 共享汽车是"主战场"？[EB/OL]. https://www.sohu.com/a/320157615_194241.

华仔,（2016-8-10）[2020-04-20]. 车载娱乐设备进化史[EB/OL]. https://tech.hqew.com/fangan_124325.

黑客,（2017-3-21）[2020-04-20]. 美国建立智能交通研究测试中心助力未来汽车发展[EB/OL]. https://www.sohu.com/a/129571915_455835.

环球汽色,（2019-12-6）[2020-04-20]. 打开5G时代——中国团队发布L5级自动驾驶终极解决方案[EB/OL]. https://new.qq.com/omn/20190121/20190121A17VWT.html.

IMT-2020（5G）推进组,2014-06-24[2020-04-20]. 5G愿景与需求白皮书[R/OL]. https://wenku.baidu.com/view/725a6c74a5e9856a561260bd.html.

IXDC,（2019-6-26）[2020-04-02]. 趋势！未来车载娱乐系统的4大设计[EB/OL]. https://www.sohu

com/a/323151692_207454.

金会庆,戴平,张树林,2001.智能运输系统(ITS)研究现状及展望[J].人类工效学,7(3):39-41.

交通运输部,(2019-07-25)[2020-04-20].交通部关于印发《数字交通发展规划纲要》的通知[R/OL].http://xxgk.mot.gov.cn/jigou/zhghs/201907/t20190725_3230528.html.

交通运输部,(2019-12-12)[2020-04-20].交通运输部关于印发《推进综合交通运输大数据发展行动纲要(2020—2025年)》的通知[R/OL].http://xxgk.mot.gov.cn/jigou/kjs/201912/t20191212_3308474.html.

李新佳,2004.欧洲智能交通建设情况及启发[J].城市交通,(2):58-62.

廖红卫,2004.中国智能交通发展的思考[D].成都:西南交通大学.

刘允才,张素,施鹏飞,2011.智能交通国际发展概况和国内优先考虑的课题[J].公路,(11):26-34.

李蕊,李伟,吴勇,2011.日本智能交通系统介绍及其借鉴[J].中国交通信息化,(1):123-126.

陆化普,李瑞敏,2014.城市智能交通系统的发展现状与趋势[J].工程研究——跨学科视野中的工程,6(1):6-19.

李兆荣,2016.跨界生长.车联网在进化[M].北京:电子工业出版社.

刘旷,(2017-5-4)[2020-04-20].共享汽车在欧美起源,却注定在中国崛起?[EB/OL].https://www.d1ev.

com/kol/51642.

李晔，王密，舒寒玉，2018．出行即服务（MaaS）系统研究综述［J］．综合运输，40（9）：56-65.

lihao1987617，（2019-12-31）［2020-04-20］．中控交通信号控制系统解决方案［EB/OL］．https://wenku.baidu.com/view/350dee71c8aedd3383c4bb4cf7ec4afe04a1b1ce.html.

李俨，2019．5G与车联网：基于移动通信的车联网技术与智能网联汽车［M］．北京：电子工业出版社.

李川鹏，王秀旭，2019．MaaS国外发展经验借鉴——以芬兰Whim应用程序为例［J］．中国信息化，（10）：46-47.

梁微，袁帅，（2019-4-11）［2020-04-20］．5G来了，出行会发生哪些变化？［EB/OL］．https://www.sohu.com/a/307246261_100122961.

连丽敏，（2019-7-3）［2020-04-20］．百度地图李莹：更智能的出行规划是未来趋势［EB/OL］．https://tech.huanqiu.com/article/9CaKrnKlj1L.

刘大，（2019-8-28）［2020-04-20］．5G通讯技术会给汽车行业带来哪些变革？［EB/OL］．https://www.zhihu.com/question/328682155.

南昌六环科技，（2019-6-27）［2020-04-20］．无感支付和ETC两者的区别是什么？谁才是未来的主流？［EB/OL］．https://www.sohu.com/a/323343282_120122137.

彭琪，（2020-1-15）［2020-04-20］．莫让浮云遮望眼，ETC的优势和未来究竟在哪？［EB/OL］．http://www.cnsoftnews.

com/news/202001/80237.html.

齐世荣,2016.中国历史(七年级下册)[M].北京:人民教育出版社.

曲大义,陈秀锋,魏金丽,等,2017.智能交通系统及其技术应用[M].2版.北京:机械工业出版社.

人民教育出版社课程教材研究所,历史课程教材研究开发中心,2019.普通高中课程标准实验教科书 历史2 必修[M].北京:人民教育出版社.

人民教育出版社课程教材研究所,历史与社会课程教材研究开发中心,2018.义务教育教科书 历史与社会 八年级 下册[M].北京:人民教育出版社.

人民网科普,(2019-9-11)[2020-04-20].高速ETC 你知道它快速通行的原理是什么吗?[EB/OL].https://www.sohu.com/a/340216044_120045299.

任燕,(2020-1-10)[2020-04-20].高德地图今日上线全国首个"春运交通预报"系统[EB/OL].http://www.chinahighway.com/article/65381261.html.

汤成,(2019-03-03)[2020-04-20].5G时代传统ETC将何去何从[EB/OL].https://www.iyiou.com/p/93866.html.

王国平,2010.城市怎么办[M].北京:人民出版社.

王东柱,杨琪,2013.欧洲合作智能交通系统发展现状及相关标准分析[J].公路交通科技,30(9):128-133.

吴栓栓,(2015-02-15)[2020-04-20].D2D在5G网络中的应用[EB/OL].https://www.zte.com.cn/china/about/magazine/

zte-technologies/2015/2/cn_1193/431612.

王延臣, 2016. 智慧工厂：中国智造大趋势［M］. 北京：中华工商联合出版社.

王泉, 2018. 从车联网到自动驾驶［M］. 北京：人民邮电出版社.

王健, 2018. 什么是出行即服务（MaaS）［J］. 人民公交, （5）：34-36.

玩转盒子,（2019-8-2）［2020-04-20］. 科普一下，高速公路ETC工作原理，优点剖析［EB/OL］. https://baijiahao.baidu.com/s?id=1640747906901161084&wfr=spider&for=pc.

徐华峰, 夏创, 孙林, 2013. 日本ITS智能交通系统的体系和应用［J］. 公路,（9）：187-191.

徐晓齐, 2015. 车联网［M］. 北京：化学工业出版社.

徐勇, 2016. 赴美国学习考察智能交通系统（ITS）的思考［J］. 青海交通科技,（2）：13-15, 31.

小火车, 好多鱼, 2016. 大话5G［M］. 北京：电子工业出版社.

项立刚, 2019. 5G时代：什么是5G，它将如何改变世界［M］. 北京：中国人民大学出版社.

中共中央, 国务院,（2019-09-19）［2020-04-20］. 中共中央、国务院印发《交通强国建设纲要》［R/OL］. http://www.gov.cn/zhengce/2019-09/19/content_5431432.htm.

易汉文, 2002. 美国智能交通10年发展规划［J］. 国际城市规划,（04）：40-44.

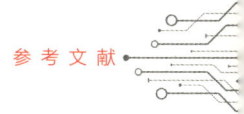

朱东辉，2002．智能交通系统的发展［J］．山东交通学院学报，10（4）：9-14．

华攀，（2018-12-15）［2020-04-20］．互联网+5G+AI背景下共享汽车的畅想［EB/OL］．https://baijiahao.baidu.com/s?id=1619926009128605798&wfr=spider&for=pc．

中国信通院，（2019-11-4）［2020-04-20］．IMT-2020（5G）推进组发布《车辆高精度定位白皮书》［R/OL］．https://mp.weixin.qq.com/s/1Fl_VEN0kNsnFePRybEovg．

交通运输部，（2019-04-12）［2020-04-20］．2018年交通运输行业发展统计公报［R/OL］．http://xxgk.mot.gov.cn/jigou/zhghs/201904/t20190412_3186720.html．

中关村在线，（2019-7-28）［2020-04-20］．5G将解决手机导航最大痛点 高精定位将成标配［EB/OL］．https://baijiahao.baidu.com/s?id=1640263778380397412&wfr=spider&for=pc．

后记

  5G是一场技术的革命性飞跃，为万物互联提供了重要的技术支撑，将带来移动互联网、产业互联网的繁荣，为众多行业提供前所未有的机遇，有望引发整个社会的深刻变革。什么是5G呢？5G将如何赋能各个行业，并促进新一轮的产业革命？这些都可以从"5G的世界"这套丛书中寻找到答案。本套丛书首期包括5个分册。

  《5G的世界　万物互联》分册由华南理工大学广东省毫米波与太赫兹重点实验室主任薛泉主编，主要阐述移动通信技术迭代发展的历史、前四代移动通信技术的特点和局限性、5G的技术特点及其可能的行业应用前景，以及5G之后移动通信技术的发展趋势等。阅读此分册，读者可以领略一幅编者精心描摹的有关5G的前世今生及未来应用图景。

  《5G的世界　智能制造》分册由广州汽车集团股份有限公司汽车工程研究院的郭继舜博士主编，主要介绍工业革命的发展历程、5G给制造业带来的契机、5G助力智能制造的升级，以及基于5G的智能化生产应用等。在这一分册里，读者可以了解5G+智能制造为传统制造业转型带来的机遇，体会制造创新将会给社会带来一场怎样的革命。

  《5G的世界　智慧医疗》分册由南方医科大学黄文华、林海滨主编，主要聚焦5G与医疗融合的效应，内容包括智慧医疗与传统医疗相比所具备的优势、5G如何促进智慧医疗发展，以及融入5G的智慧医疗终端和新型医疗应用等。从字里行间，读者可以全面了解5G技术在医疗行业中的巨大应用潜力，切身感受科技进步为人类健康带来的福祉。

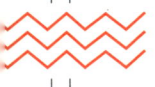

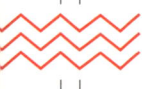

《5G的世界　智慧交通》分册由广州瀚信通信科技股份有限公司徐志强主编，主要阐述智慧交通的发展历程、智慧交通中所运用的5G关键技术和架构，以及基于5G的智慧交通应用实例等。阅读此分册，读者可以充分了解5G技术将引领的未来交通智能化的发展趋势。

《5G的世界　智能家居》分册由创维集团有限公司吴伟主编，主要阐述智能家居的演进、5G助力家居生活智能化发展的关键技术，以及基于5G技术的智能家居创新产品等。家居与我们的日常生活息息相关，阅读这一分册，读者可以零距离感受5G和智能家居的融合为我们的生活带来的便捷与舒适。对于高科技创造出来的美好生活，读者可以在这里一窥究竟。

最后，特别鸣谢国家科技部重点研发计划项目"兼容C波段的毫米波一体化射频前端系统关键技术（2018YFB1802000）"、广东省科技厅重大科技专项"5G毫米波宽带高效率芯片及相控阵系统研究（2018B010115001）"、中国工程科技发展战略广东研究院战略咨询项目"广东新一代信息技术发展战略研究（201816611292）"等项目对本套丛书的资助。

5G以前所未有的速度和力度带来技术的变革、行业的升级、社会的巨变，也带来极大的挑战，让我们在5G的浪潮中御风而行吧。

2020年7月